図解まるわかり

仮想化のしくみ

Virtualization

鈴木健治
宗村拓実
丸山勝康
欧肖

［著］

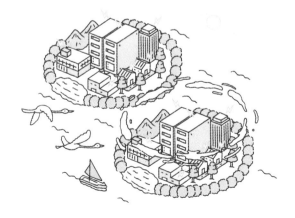

SE
SHOEISHA

はじめに

　仮想化技術は、現代の情報通信技術において欠かせない存在となっています。しかし、その実体が物理的に見えないため、簡単には理解できません。

　本書は次のような方たちに向けて、仮想化の基本的な知識からその活用方法までを解説しています。

- 仮想化技術について基本的な知識を身につけたい方
- 仮想化の具体的な活用方法を知りたい方
- 仮想化技術の最新動向を把握したい方
- 仮想化技術を活用したシステム設計や運用方法を学びたい方

　本書では、仮想化とは何か、そのメリットは何か、そしてその歴史を通じて、仮想化技術がどのように進化してきたのかを理解することから始めます。さらに、サーバー、ネットワーク、ストレージ、デスクトップといった各領域における仮想化の具体的な手法や利用方法について、クラウド上での考え方も含めて説明します。

　また、仮想化による効用や、DX（デジタルトランスフォーメーション）との関連性についても触れます。そして、仮想化環境の操作方法や使い方、設計方法や移行方法、そして運用方法についても詳細に解説します。

　最後に、仮想化の未来について考察します。WebAssemblyなどの新たな技術の登場により、仮想化技術はどのように進化し、どのような可能性を秘めているのかを探ります。

　本書を通じて仮想化技術の理解を深め、その活用方法を見つけてください。

目次

第 **1** 章　仮想化の基本
～仮想化の概要を知ろう～
15

第 **2** 章 サーバーの仮想化
～ プログラムを効率よく処理するしくみ ～ 41

第 **3** 章 ネットワークの仮想化
～ 通信を分けたりつないだりするしくみ ～ 63

第 **4** 章 ストレージの仮想化
~ データの保管庫を効率よく使うしくみ ~ 79

第 **7** 章 **仮想化とDX**
～ 仮想化はこうしてDXに活用されている ～ **123**

第 8 章 仮想化環境の操作
～ 構成ファイルで仮想化環境を制御する ～ 141

第 **9** 章
仮想化環境の使い方
～ クラウド環境における仮想化サービスの使い方 ～ 159

12

仮想化の基本
～仮想化の概要を知ろう～

仮想化とは何か?

仮想化の定義

　仮想化とは、一般的に物理的なコンピュータリソースを抽象化し、複数の独立した環境を作り出す技術のことを指します。仮想化技術を利用すると、例えば1台の物理サーバーを複数の仮想サーバーに分け、それぞれに異なるオペレーティングシステムやアプリケーションを動作させることができます。また、システムの移行やバックアップ、障害からの復旧なども容易になります。

　今日では仮想化はクラウドコンピューティングの基盤ともなっており、ITインフラの柔軟性とスケーラビリティを向上させる重要な要素となっています。仮想化の定義はさまざまですが、本書では次のように定義します（図1-1）。

- **利用者が物理資源を取り扱いやすくするために**分割または統合する技術
- **実物がなくてもまるで実物があるかのように**動作を模倣する技術

本書で扱う仮想化の範囲

　本書では、主にITインフラの領域で使用される次の仮想化技術を取り扱います（図1-2）。

- オンプレミスの仮想化技術
- クラウドベンダーの仮想化技術

　クラウド時代にオンプレミスの仮想化技術は不要に思うかもしれませんが、コンテナ（**2-1**参照）などの**オンプレミスで培われた技術がクラウドでも利用されているケース**や、オンプレミス回帰の動きからその知識が必要になることがあります。そのため、本書では、オンプレミス、クラウド両方の仮想化技術を学んでいきます。

図1-1　仮想化を一言でいうと……

- 利用者が物理資源を取り扱いやすくするために分割または統合する技術
- 実物がなくてもまるで実物があるかのように動作を模倣する技術

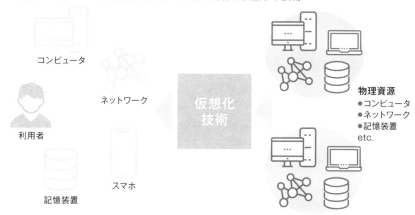

コンピュータ

ネットワーク

利用者

記憶装置

スマホ

仮想化技術

物理資源
- コンピュータ
- ネットワーク
- 記憶装置
etc.

図1-2　オンプレミスやクラウドベンダーの仮想化

オンプレミス

分割技術
- 仮想サーバー
- VLAN
- パーティション

統合技術
- クラスター
- リンクアグリゲーション
- RAID

オンプレミスの仮想化技術

クラウドベンダー

- 仮想化され提供されているリソース
- クラウドでの仮想化のしくみ
- リソースの使い方と注意点

クラウドベンダーの仮想化技術

Point

- 仮想化とは、利用者が物理資源を取り扱いやすくするために分割または統合をしたり、実物があるかのように動作を模倣したりする技術である
- オンプレミスで培われた技術がクラウドでも使われている

仮想化のメリット

仮想化のメリット（俊敏性）

　仮想化のメリットの1つ目は俊敏性です。仮想化しないのならハードウェアを調達する必要がありますが、ハードウェアの調達には注文から数週間程度かかります。過去には世界的な半導体不足から調達期間が半年以上になった時期もあります（図1-3上段）。

　仮想サーバーのように、**ソフトウェアを使ってあたかもハードウェアがあるように見せることで、利用可能なリソース範囲内であれば瞬時に調達が完了します**（図1-3下段）。また、コンテナ技術により必要なときだけコンテナを瞬時に起動し、処理が終わったら消すことも可能となります。

仮想化のメリット（効率性）

　仮想化のメリットの2つ目は効率性です（図1-4）。1つの物理サーバーに複数台のサーバーを起動させることで資源を有効活用できます。1台の物理サーバー上で何台もサーバーを動作させることができれば、**機器購入コストの削減につながります。**

　別の例として、ネットワーク機器では1台の機器を論理的に分割することで、機器の設置に必要なスペースを節約できます。

　所有するハードウェア資源やスペースを有効活用することで、トータル所有コストを最適化できます。

仮想化のメリット（独立性）

　仮想化のメリットの3つ目は独立性です。物理機器で複数台のサーバーや複数のネットワークを集約できてもそれぞれが独立しておらず、互いに通信でき、データのやりとりが可能ならセキュリティ上問題になります。**独立性を保ち、あたかも別々のものとして管理できる**からこそ資源の効率的な利用が可能となります。

図1-3　インフラ利用開始の待ち時間を短縮化する

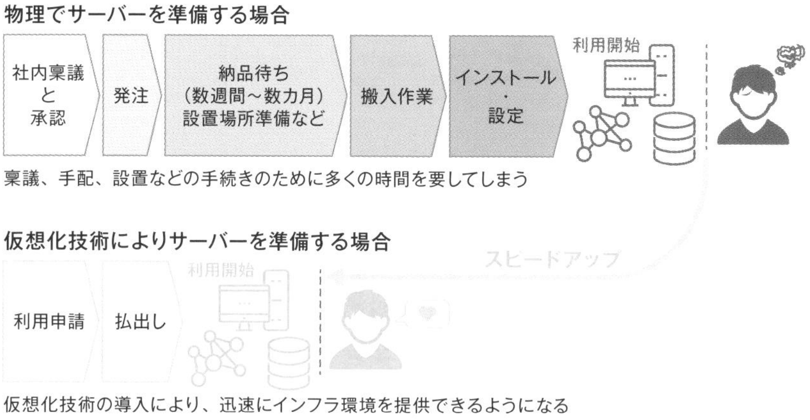

物理でサーバーを準備する場合

| 社内稟議と承認 | 発注 | 納品待ち（数週間～数カ月）設置場所準備など | 搬入作業 | インストール・設定 |

利用開始

稟議、手配、設置などの手続きのために多くの時間を要してしまう

仮想化技術によりサーバーを準備する場合

| 利用申請 | 払出し |

利用開始　スピードアップ

仮想化技術の導入により、迅速にインフラ環境を提供できるようになる

図1-4　区画を分けて効率的にリソースを使う

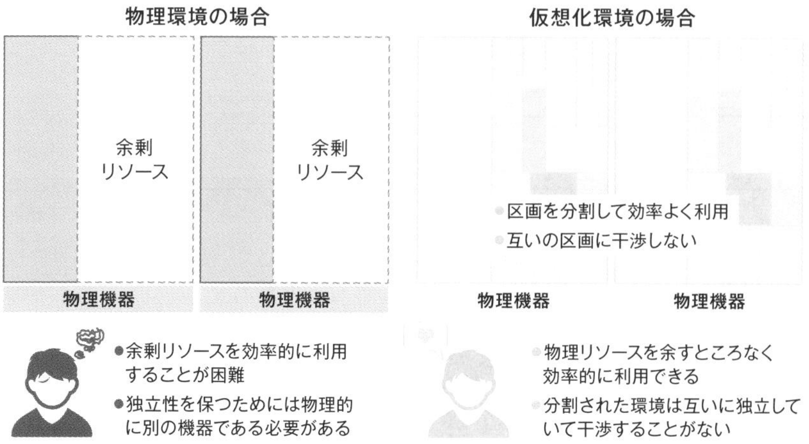

物理環境の場合

余剰リソース　余剰リソース

物理機器　　　　物理機器

仮想化環境の場合

● 区画を分割して効率よく利用
● 互いの区画に干渉しない

物理機器　　　　物理機器

● 余剰リソースを効率的に利用することが困難
● 独立性を保つためには物理的に別の機器である必要がある

● 物理リソースを余すところなく効率的に利用できる
● 分割された環境は互いに独立していて干渉することがない

Point

🖊 ソフトウェアの操作だけで素早く欲しいリソースが得られる（俊敏性）

🖊 ハードウェア資源を有効活用することでコスト削減効果が得られる（効率性）

🖊 仮想化により作成したものは互いに独立しコントロールできる（独立性）

仮想化の歴史①
ホストコンピュータ時代

1960年代からあった仮想化

仮想化の歴史は1960年代まで遡ります。当時コンピュータシステムは汎用機（メインフレーム）で動作していました。汎用機に接続しているインテリジェント端末と呼ばれる端末に汎用機から入力フォームを送り、端末側で入力後にEnterキーで情報を汎用機に送信して処理していました。もしくは、より安価なダム端末を使って入力項目単位で汎用機と通信して処理する使い方をすることもありました。

当時の汎用機は一度に1つのプログラムしか実行できなかったため、入力データを用意しても自分の順番が回ってくるまで待つ必要がありました（図1-5）。これを解決するために、CPUの実行時間を極めて短い時間に分割して順次割り当てることで、仮想的にCPUがいくつも存在しているかのように振る舞い、入力待ち時間を削減する方法が考えられました。

高価なコンピュータをシェアして使う

ジョン・マッカーシー博士は1961年のマサチューセッツ工科大学における100周年記念式典のスピーチでタイムシェアリングのしくみを想定し、「（水道や電力のように）コンピュータの能力や特定のアプリケーションを販売するビジネスモデルを生み出すかもしれない」と述べています。この技術は後にタイムシェアリングシステム（TSS）という技術で利用されるようになります（図1-6）。

当時の汎用機は非常に高価で、1966年に出荷が始まったSystem/360 Model 75は350万ドル、当時の為替レート（固定）で約8億円でした。

1960年後半にはTSSを使って電話回線でコンピューティングサービスを提供し、利用した分だけ料金を支払うビジネスモデルができました。コンピュータの性能向上によってこのビジネスモデルは短命で終わりましたが、**クラウドコンピューティングのようなビジネスの考え方がこの頃からあった**ことになります。

図1-5 **1960年代にメインフレームで利用されていた仮想化**

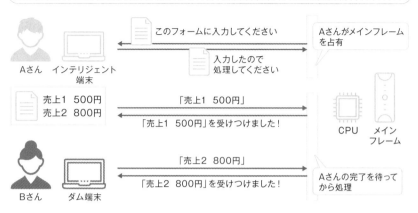

図1-6 **1960年代に既にあったクラウド的発想**

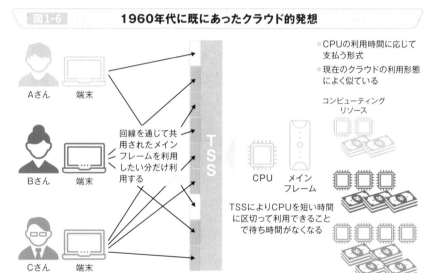

- CPUの利用時間に応じて支払う形式
- 現在のクラウドの利用形態によく似ている

コンピューティングリソース

TSSによりCPUを短い時間に区切って利用できることで待ち時間がなくなる

Point

- 仮想化の歴史は古く1960年代に遡る
- 高価な汎用機を共同利用するためのしくみとしてタイムシェアリングシステム（TSS）が考えられた
- TSSの考え方はクラウドビジネスに通じるものがある

≫ 仮想化の歴史②
ハードウェア仮想時代

システム化の拡大とともに高まった信頼性・性能への期待

　1990年代には常時接続サービスの登場による**インターネットの普及に伴い**、標準化されたオープンな規格に準拠したコンピュータで電子商取引（EC）、HPや掲示板の提供が始まりました（図1-7）。このような背景の中、**より安価な機器を使って冗長化を高めたい**という要求が起こり、2000年代前半にかけてハードディスク、ネットワーク、サーバーの冗長性を高める仮想化技術が登場し普及しました。

冗長化と性能向上を実現する機能の登場

　不特定多数が参照するシステムの停止防止と性能向上のためのさまざまなしくみが登場したのがこの時期です（図1-8）。

　ハードディスク対策として、RAID（**4-2**参照）と呼ばれる機能が1980年代後半に登場しました。複数のハードディスクを組み合わせて1つのハードディスクに見せることで信頼性や性能を向上させることができるようになりました。

　ネットワーク対策として、2000年にリンクアグリゲーション（**1-9**参照）の規格（802.3ad）が登場しました。複数のLANケーブルを束ねて1つに見せることで通信待機の拡張や冗長性の確保ができるようになりました。

　サーバー対策として、負荷分散装置（**1-9**参照）という機器で背後のサーバーに処理を振り分け、サーバー自体の処理性能向上や故障対策ができるようになりました。また、クラスターと呼ばれる複数のサーバーを1台のサーバーに見せ、片側のサーバーが停止した場合に残りのサーバーで処理を引き継ぐ（停止と再開）ことができるようになりました。

　これらの機能で安価に信頼性と性能を向上させることが可能となりました。

図1-7 インターネットの普及とコンピュータの利用用途拡大

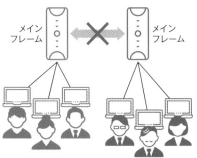

- メインフレームでは同じホストに接続している端末同士しか通信ができない
- 機器は高価だが高い性能／可用性を持っており影響も限定的

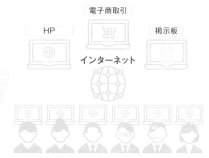

不特定多数が利用するシステムにおいて、より安価なオープン規格に準拠したサーバーを使用しながら、性能や可用性を高める必要が出てきた

図1-8 性能や可用性を高める仮想化技術

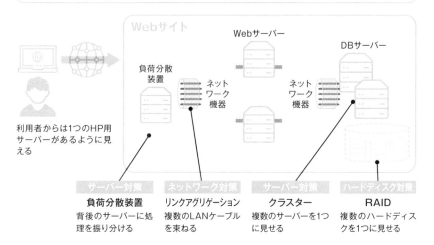

サーバー対策	ネットワーク対策	サーバー対策	ハードディスク対策
負荷分散装置	**リンクアグリゲーション**	**クラスター**	**RAID**
背後のサーバーに処理を振り分ける	複数のLANケーブルを束ねる	複数のサーバーを1つに見せる	複数のハードディスクを1つに見せる

Point

- インターネットの普及により、ECサイトでの利用など、コンピュータの利用範囲が拡大し、安価な機器でも可用性と性能が求められるようになった
- 1990年から2000年前半にハードウェアの性能や可用性向上をするための機能が登場した

仮想化の歴史③ 仮想サーバー時代

集約率を高める潮流と仮想化

　複数のハードウェアを並べて性能や信頼性を高められるようになった一方で、2000年代中頃からサーバー台数の増加による設置や運用のコスト高騰が課題となりました。また、サーバーの用途によってはCPUやメモリのリソースをほとんど使わなくても、専用の物理サーバーが必要であり、使用していないリソースが無駄になっていました。

　その解決策として注目されたのが仮想化技術によるサーバー集約です（図1-9）。VMware、Hyper-V、Xenなどの仮想化ソフトウェアを利用することで**1台の物理サーバーに仮想サーバーを集約できるようになりました**。

　集約することで物理的な障害が発生した場合には複数のサーバーが停止してしまうという課題もありましたが、2010年頃になると**物理サーバー間でクラスター構成を組み、耐障害性を高める**機能が登場しました。また、仮想サーバーを停止せずに別の物理サーバーに移動する機能により、物理サーバーの保守時に仮想サーバーの停止が不要となりました。さらに2010年台後半には、物理サーバーの内蔵ハードディスクをサーバー間でコピーする技術で、物理サーバーをモジュール化しクラスター化するハイパーコンバージドインフラストラクチャー（HCI）というしくみが登場しました。

システムの延命にも使われた仮想化

　サーバーの仮想化はもう1つのメリットを生み出しました。物理サーバーはサーバーの保守部品確保などの理由でおおむね5年をめどに交換が必要になります。新しい物理サーバーでは比較的古いOS（Windows 2003など）の動作をサポートしていないことがあり、OSの変更によるパッケージの再購入やアプリケーションの再開発が必要となる課題がありました。サーバー仮想化製品はそのようなOSでも動作をサポートしていることがあり、物理サーバーのイメージデータを仮想マシンに複製することで、システムを延命する対策をとる企業が多くありました（図1-10）。

図1-9　仮想化専用ソフトウェアによる集約率向上

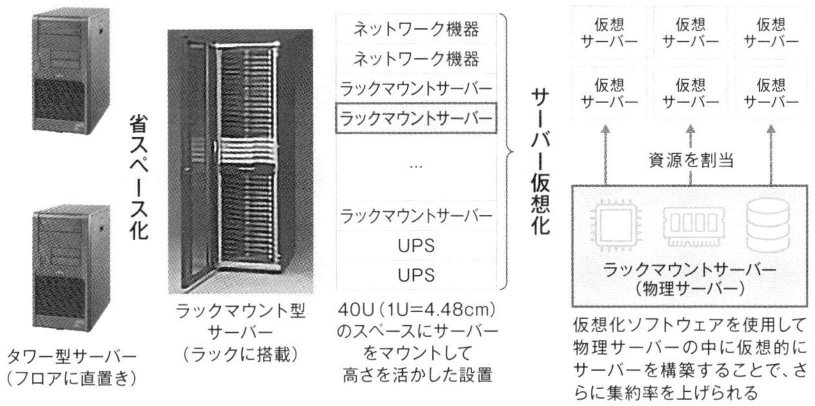

省スペース化

タワー型サーバー
（フロアに直置き）

ラックマウント型
サーバー
（ラックに搭載）

| ネットワーク機器 |
| ネットワーク機器 |
| ラックマウントサーバー |
| ラックマウントサーバー |
| … |
| ラックマウントサーバー |
| UPS |
| UPS |

40U（1U=4.48cm）
のスペースにサーバー
をマウントして
高さを活かした設置

サーバー仮想化

仮想
サーバー　仮想
サーバー　仮想
サーバー

仮想
サーバー　仮想
サーバー　仮想
サーバー

資源を割当

ラックマウントサーバー
（物理サーバー）

仮想化ソフトウェアを使用して
物理サーバーの中に仮想的に
サーバーを構築することで、さ
らに集約率を上げられる

図1-10　仮想化による古いOSの稼働サポート

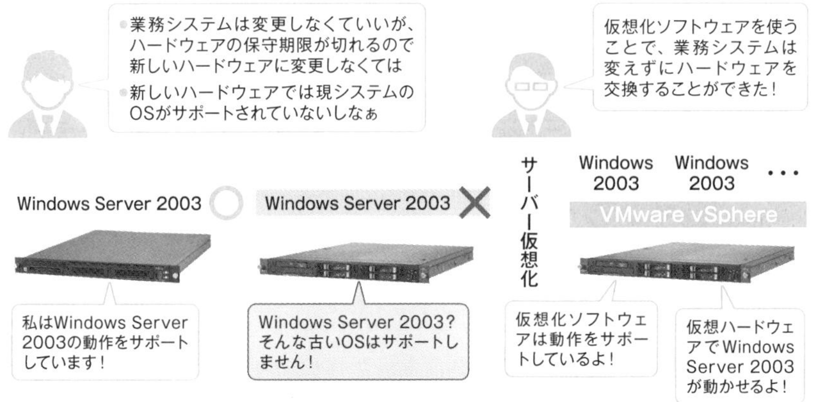

・業務システムは変更しなくていいが、
ハードウェアの保守期限が切れるので
新しいハードウェアに変更しなくては
・新しいハードウェアでは現システムの
OSがサポートされていないしなぁ

仮想化ソフトウェアを使う
ことで、業務システムは
変えずにハードウェアを
交換することができた！

Windows Server 2003 ○

私はWindows Server
2003の動作をサポート
しています！

Windows Server 2003 ✕

Windows Server 2003？
そんな古いOSはサポートし
ません！

サーバー仮想化

Windows
2003　Windows
2003　…

VMware vSphere

仮想化ソフトウェ
アは動作をサポー
トしているよ！

仮想ハードウェ
アでWindows
Server 2003
が動かせるよ！

出典：エフサステクノロジーズ「PRIMERGY 製品情報ナビ」
（URL：https://jp.fujitsu.com/platform/server/primergy/product-navi/）をもとに作成

Point

- 🖊 サーバー仮想化によって1台の物理サーバーで複数台の仮想サーバーを動かせる
- 🖊 高集約による物理機器故障の対策として、物理サーバーでクラスターを構成できる
- 🖊 仮想化ソフトウェアが対応していれば比較的古いOSを延命できる

仮想化の歴史④ クラウド時代

クラウドの歴史

　クラウドの歴史は意外に古く、2006年8月にはAmazonがAWSのβ版の提供を開始しています。民間企業ではクラウドサービスの国内データセンター提供（AWSは2011年、Azureは2014年）や、「デジタル・ガバメント推進方針」に基づき2018年に公表された「政府情報システムにおけるクラウドサービスの利用に係る基本方針」で提唱されたクラウド・バイ・デフォルト原則（図1-11）がクラウド利用の要因の1つになりました。

クラウド環境の利用

　仮想サーバー時代は事前にハードウェアを調達しておく必要がありましたが、クラウド事業者の登場により購入するものから使用するものへと変化しました。必要なサーバーを作って捨てられるようになり、アイデアの実現性の確認（PoC・**7-8**参照）が素早く低コストでできるようになりました。

クラウドベンダーによる高度な仮想化

　クラウドベンダーでは、より高度な仮想化によりリソース制御を行っています。一例として、次のようなしくみがあります（図1-12）。

- クレジット……CPUやネットワーク帯域、ハードディスクI/Oの一時的な増加を制御して突発的な負荷に対応できるしくみ
- クォータ……単位時間当たりの処理回数や実行時間の上限を設けるような制御を行うことで、提供するサービスに効率的にリソースを割り当てるしくみ

このように**利用量の変動にフィットするしくみ**が実装されています。

図1-11　日本政府のクラウド利用を後押ししたクラウド・バイ・デフォルト原則

デジタル・ガバメント推進方針	【方針1】デジタル技術を徹底活用した利用者中心の行政サービス改革 【方針2】官民協働を実現するプラットフォーム 【方針3】価値を生み出すITガバナンス

「政府情報システムにおけるクラウドサービスの利用に係る基本方針」

2. 基本方針

2.1　クラウド・バイ・デフォルト原則
（略）
　クラウドサービスの利用を第一候補として、その検討を行うものとする。
（略）

SaaS（パブリック・クラウド）
SaaS（プライベート・クラウド）
IaaS/PaaS（パブリック・クラウド）
IaaS/PaaS（プライベート・クラウド）
オンプレミスの利用検討

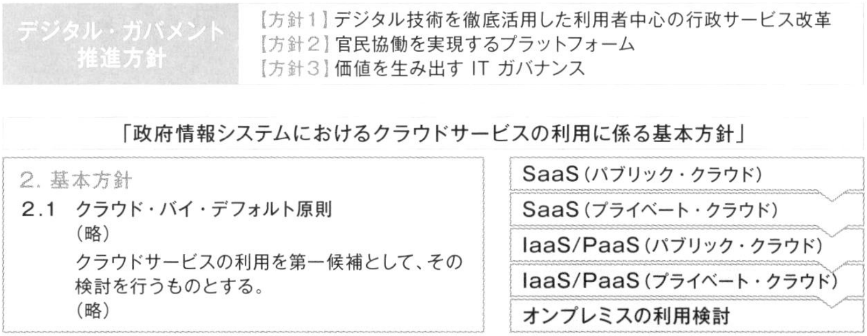

2018年6月7日発表の資料「政府情報システムにおけるクラウドサービスの利用に係る基本方針」で定義された「クラウド・バイ・デフォルト原則」では、クラウドサービスの利用を第一候補とすることが基本方針とされている

オンプレミス（自分が保有するIT機器を利用して、ITシステムを構築する形態）の選択肢は、SaaS、IaaS、PaaSの利用ができない場合の最終手段となっている

出所：https://warp.ndl.go.jp/info:ndljp/pid/12187388/www.kantei.go.jp/jp/singi/it2/kettei/pdf/20170530/suisinhosin.pdf
https://cio.go.jp/sites/default/files/uploads/documents/cloud_policy_20210330.pdf
（2021年3月30日の改訂版）

図1-12　クレジットやクォータによるリソース制御

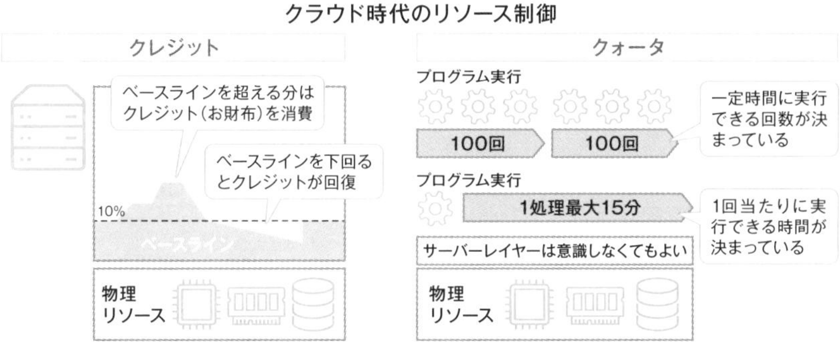

クラウド時代のリソース制御

クレジット

ベースラインを超える分はクレジット（お財布）を消費
ベースラインを下回るとクレジットが回復
10%
ベースライン
物理リソース

クレジットを消費することで一時的にベースラインを超えた性能を発揮する、という利用パターンがある

クォータ

プログラム実行
100回　100回
一定時間に実行できる回数が決まっている
プログラム実行
1処理最大15分
1回当たりに実行できる時間が決まっている
サーバーレイヤーは意識しなくてもよい
物理リソース

PaaSではサーバーレイヤーは意識されず、実行するプログラムの回数や長さによって使用するリソースを制御する

Point

- インフラのクラウドサービスの歴史は古く2006年頃から提供されている
- クラウドサービスは利用量の変動にフィットするような高度なリソース制御のしくみが働いている

» 仮想化を使われ方の視点から分類する

分けて使う仮想化

仮想化の利用形態の1つ目は、「分けて使う」です。

物理的に1つしかない機器を仮想化技術により分割する使い方です。**物理資源を複数の利用者またはシステムで有効的に使用したり、独立して取り扱えるようにします**（図1-13左）。

利用例としては、サーバーの分割による仮想化（仮想サーバー）、ネットワークの分割による仮想化（VLAN・**3-1**参照）、ストレージの分割による仮想化（論理ディスク）などがあります。

まとめて使う仮想化

仮想化の利用形態の2つ目は、「まとめて使う」です。

複数の実体を持つものをあたかも1つだけしかないように見せるための使い方です（図1-13右）。もともと持っている仮想化前の性質は変えずに使用します。利用例として、Webサーバーの仮想化（負荷分散／リバースプロキシ）や複数のコンピュータを並列処理する仮想化（スーパーコンピュータ）などがあります。

模倣する仮想化

仮想化の利用形態の3つ目は、「模倣する」です（図1-14）。

もともと持っていた性質と異なるものを生み出す仮想化です。性質が異なるとは、OSなどのプラットフォームが異なることを意味しています。利用例として、Windows上であたかもAndroidスマホが動作しているかのように模倣するソフトウェアがあります。広義には、専用OSとCPUでネットワーク処理をするネットワーク機器を汎用OS/CPU上で動作させるような仮想アプライアンス（VyOS）も「模倣する」仮想化になります。

次節からはそれぞれの利用形態についてさらに詳しく見ていきます。

図 1-13 **性質が同じリソースを分けたりまとめたりする**

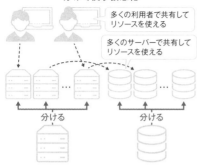

分けて使う仮想化

多くの利用者で共有して
リソースを使える

多くのサーバーで共有して
リソースを使える

分ける　　　分ける

物理的に1つしかないリソースを分けることにより、
より多くの利用者やサーバーにリソースを使わせる
ことができる

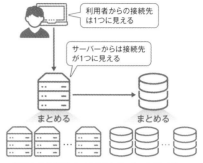

まとめて使う仮想化

利用者からの接続先
は1つに見える

サーバーからは接続先
が1つに見える

まとめる　　　まとめる

● 複数ある物理リソースをまとめて1つに見せる
● まとめたリソースを使う側 (利用者やサーバーな
ど) からは、リソースの接続先が1つになり利便性
が向上する

図 1-14　**性質が異なるリソースの動作を模倣する**

模倣する仮想化 (狭義)

A社スマホ　B社スマホ　　A社スマホ　B社スマホ

開発のため、物理的にス
マートフォンを複数台持
つのは管理面でもコス
ト面でもハードルが高
い

模倣する仮想化技術に
よってMacやWindows
PC上に複数のスマート
フォン (Android) を作
り出すことで、管理とコ
ストの課題を解決する

模倣する仮想化 (広義)

ネットワーク
機器

仮想サーバーしか動か
ないクラウドでは、オン
プレミスで利用していた
ネットワーク機器を使う
ことができない

模倣する仮想化技術に
よってネットワーク機器
を仮想マシン (仮想アプ
ライアンス) として動作
させる

Point

- 🖉 物理資源の有効活用を目的とした仮想化として、分けて使う仮想化がある
- 🖉 利用者目線で1つに見せるための仮想化として、まとめて使う仮想化が
  ある
- 🖉 もともと持つ性質と異なる性質を生み出す仮想化として、模倣する仮想
  化がある

》分けて使う仮想化

分けて使う理由

　物理的な機器を分けて使うのは、リソースを効率的に利用するためです。システムを導入する際に物理機器1台分の性能は不要であるにもかかわらず、メンテナンスなどの運用面やセキュリティ面を考えた場合に、機器1台を専用に割り当てなければならないケースがあります。

　この場合、過剰なリソースを持った機器を複数設置する必要があり、購入時や運用時の設置スペースのコストがかさんでしまうことになります。分けて使う仮想化技術では、1台の物理機器を独立した複数の要素に分割できるため、このような課題を解決することができます（図1-15）。

分けて使う仮想化の例

　サーバー、ネットワーク、ストレージを例にして、分けて使う仮想化の例を見てみます（図1-16）。

　サーバーの仮想化の例として仮想化ソフトウェアがあります。これにより、物理サーバーのCPU、メモリ、ディスクを論理分割して複数台の仮想サーバーを動作させることができます。

　ネットワークの仮想化の例としてVLAN（**3-1**参照）があります。これにより、物理ネットワークポートを複数のグループに分割し、独立したネットワーク機器として動作させることができます。

　ストレージの仮想化の例として、ストレージ機器が備えている論理ボリュームの作成技術があります。RAID機能でまとめたボリュームから互いに独立したボリュームを作成することができます。

　分けて使う仮想化によって、独立性を保ちながら効率的にリソースを利用できます。

　分けて使う仮想化の技術を活用することで、利用者からはあたかも別々の機器ができたように見えます。これにより、独立性を保ちながら効率的にリソースを利用することができます。

図1-15　仮想化を使用しない場合の課題（サーバーの例）

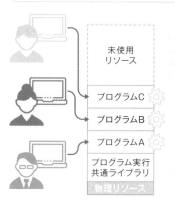

セキュリティ上の制約から物理リソースを分ける必要がある場合、未使用リソースの無駄が増える

未使用リソース	未使用リソース	未使用リソース
プログラムA	プログラムB	プログラムC
物理リソース	物理リソース	物理リソース

リソースの無駄を増やさないようにプログラムを集約すると、メンテナンス時のシステム再起動やプログラムを実行するライブラリのバージョンなどで不具合が生じる

未使用リソース		
プログラムD	プログラムE	プログラムF
プログラムA	プログラムB	プログラムC
共通ライブラリ Ver. 1.0	...	共通ライブラリ Ver. 2.0
物理リソース		

仮想化技術により、仮想的な境界を作って「分ける」ことで課題を解決！

図1-16　仮想化技術でサーバー、ネットワーク、ストレージを「分ける」

サーバーの仮想化

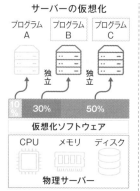

仮想化ソフトウェアによって互いに独立した複数のサーバーに分割する

ネットワークの仮想化

LANポートを複数のグループに分割するVLANによって、独立したネットワーク機器に分割する

ストレージの仮想化

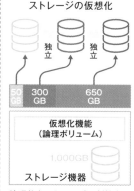

論理的なストレージ分割技術によって、複数の独立したボリュームに分割する

Point

- 物理的な機器を分けて使うのは、リソースの効率的な利用が主な目的である
- サーバー、ネットワーク、ストレージそれぞれに物理的な機器を分割し独立して見せるための仮想化手法がある

まとめて使う仮想化

まとめて使う理由

　物理的な機器をまとめて使うのは、主に冗長性や性能の向上のためです。コンピュータなどの機器を使用したシステムでサービスを提供する以上、機器の故障はつきものです。故障しても利用者が同じ接続先に接続してサービスを提供し続けるためには、複数の機器をまとめて利用者からは1つに見えるようにする必要があります。また、システムの処理性能の向上が必要になってサーバーが増えた場合にも、利用者からの接続先を1つにしておくことで、利用者が意識することなく性能を高められます。まとめて使う仮想化により、このような課題を解決できます（図1-17）。

まとめて使う仮想化の例

　サーバー、ネットワーク、ストレージを例にして、まとめて見せる仮想化の例を見てみます（図1-18）。

　サーバーの仮想化では負荷分散という機能により、アクセス先を負荷分散装置の1カ所に見せることができます。負荷分散装置の背後に複数台のサーバーを配置し、それらを振り分けて冗長性や性能を高めます。

　ネットワークの仮想化の例として、リンクアグリゲーションという機能があります。複数のネットワーク機器のポートを束ねて1つに見せることで、通信帯域の拡張や冗長性の確保ができます。

　ストレージの仮想化の例として、RAID（**4-2**参照）と呼ばれる機能があります。複数のストレージを組み合わせて1つのストレージに見せることで、信頼性や性能を向上させられます。

　まとめて使う仮想化の技術により、冗長性や性能を高めることができます。

図1-17 **仮想化を使用しない場合の課題（サーバーの例）**

サーバー A

未使用リソース

使用リソース

- サーバー Aが停止した場合に、利用者に接続先をサーバー Bに変更してもらう必要がある
- サーバー Aが停止したときにも、利用者が接続先を変更せずに利用を継続できるようにする

仮想化技術により、仮想的な境界を作って「まとめる」ことで課題を解決！

サーバー B

未使用リソース

使用リソース

- サーバー BはサーバーA故障時以外では使われず、リソースが未使用のままになっている（ホットスタンバイ）
- サーバー Aが稼働しているときもサーバー Bのリソースを有効に使用して、利用者のリクエストを処理する

図1-18 **仮想化技術でサーバー、ネットワーク、ストレージを「まとめる」**

サーバーの仮想化	ネットワークの仮想化	ストレージの仮想化

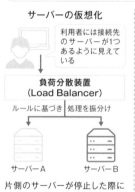

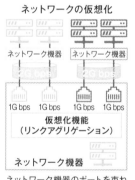

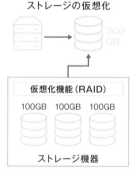

片側のサーバーが停止した際には、残ったサーバーに利用者のリクエストが振り分けられ処理が継続されることで、サーバーのリソースを効率よく利用できる

ネットワーク機器のポートを束ねて1つに見せることで、通信帯域の拡張や冗長性の確保（ポートの故障による通信断を防止）ができる

RAIDと呼ばれる機能により、複数のストレージを組み合わせて1つのストレージに見せることで、Read/Write性能を向上させたり、ディスク故障時の耐障害性を高めたりすることができる

Point

- 物理的な機器をまとめて使うのは主に冗長性や性能の向上が目的である
- サーバー、ネットワーク、ストレージそれぞれに物理的な機器をまとめて1つに見せるための仮想化手法がある

» 模倣する仮想化

模倣するとはどういうことか?

「分けて使う仮想化」「まとめて使う仮想化」は、同じCPUアーキテクチャー上で仮想化してソフトウェアを動かす方法です。これに対して「模倣する仮想化」は、異なるCPUアーキテクチャーのソフトウェアを動かす方法です。x86アーキテクチャー（以下x86）やARMアーキテクチャー（以下ARM）などのCPUアーキテクチャーがありますが、これはCPUの作りの違いのことです。Windows PCは、通常はx86、スマートフォンはほぼARMです。

例えば、ARMスマートフォンのアプリケーションをWindows PCで開発することを考えてみましょう。ARM用に作られたアプリケーションはWindows PCでは動きません。ここで登場するのが「模倣する仮想化」であるエミュレーターです。Google社製のAndroid Studioには、開発のためのAndroidエミュレーターが含まれています。Androidエミュレーターは ARM用の命令をx86用に変換して実際にプログラムを実行するため、**Windows PCでAndroid用のアプリケーションの動作確認ができます**（図1-19）。「模倣する仮想化」であるエミュレーターは、**OSやデバイスの模倣やCPUへの命令の通訳者のような働き**をします。

エミュレーターとシミュレーターの違い

エミュレーターと似た言葉として、「シミュレーター」があります。

エミュレーターは前述の例のようにアプリケーションの開発をする際に動作確認を行う用途で使われており、実際にアプリケーションなどのソフトウェアを動作させます。実際に動作させるため、バグの検知や修正ができます。

これに対してシミュレーターはソフトウェアが動作しているように見せているだけの違いです（図1-20）。シミュレーターは**完成形のイメージ合わせの他、教育用途など人間側の訓練のために**用いられています。

図1-19　命令翻訳により異なるプラットフォームで動作を実現する

Androidアプリケーションの通常の使い方

Android
アプリケーション

Pixel 7
CPU：ARM
OS：Android（ARM用）

Android
アプリケーション

Pixel 7
Android Virtual
Device（AVD）
Androidエミュレーター

AVDへの命令を
x86CPU向けに
変換（通訳）して
実行

Windows開発環境で使おうとすると

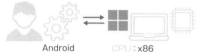

Android
アプリケーション

CPU：x86
OS：Windows

ARMプロセッサのAndroid向けのアプリケーションを
Windowsで動かそうとしても動作しない

CPU：x86
OS：Windows

エミュレーターを介することで、
異なるCPUアーキテクチャー向けに作成
されたアプリケーションを実行する

図1-20　エミュレーターとシミュレーターの模倣レベルの違い

エミュレーター　　　　　　　　　　　　シミュレーター

アプリケーション
を実際に実行する

エミュレーターを介
してCPUで処理し
た結果をアプリケー
ションに返信

アプリケーション
が動作しているよ
うに描画するため
の結果を返信

アプリケーションの
プログラムは実際の
処理は行っていない

Android
アプリケーション

Android
アプリケーション

アプリケーションを実際に動作させるため、アプ
リケーションの開発、デバッグなどの用途で利用
できる

● 利用者がアプリケーションの操作感を確認し、期
待する動きかどうかを確認する
● 教育や訓練用に使用される
● プログラムが実際に動作しているわけではない

Point

🖊 エミュレーターを使うと、ソフトウェアを異なるCPUアーキテクチャ
ー上で動かせる

🖊 エミュレーターはCPUに対する命令をCPUがわかる形に翻訳する

🖊 シミュレーターは完成形のイメージ合わせや訓練の用途で使われる仮想
化である

所有から利用へ

物理マシンを購入する際には、綿密な計画を立ててサイジングから注文を行い、導入後も減価償却などを考えてある一定の期間は使用（もしくは所有）を継続する必要があります。

仮想化環境は、これらの手間・わずらわしさから解放してくれます。

仮想化環境は1つの物理マシン内に複数の仮想マシンを構築して利用します。土台となる物理マシンは簡単に捨てることはできませんが、物理マシン上に構築した仮想マシンであれば、**必要なときに作って、不要になったときに捨てる（削除する）ことが簡単に行えます**（図1-21）。

ただし、**ソフトウェアのライセンスに注意が必要**です。オンデマンド型で利用できる非ライセンス形式のものを使用する際には、仮想マシンを簡単に作成・削除できても、ソフトウェアライセンスはそれができません。仮想化環境のメリットを最大化して利用するためには、ソフトウェアライセンスのことも考えて、仮想化環境に適したタイプのものを採用（購入）することをお勧めします。

新規事業へのハードル低下

仮想化環境は、新規事業を立ち上げる際にも役立ちます。

新規事業の立上げにはスピードが求められます。仮想化環境を利用することで、新規事業を行うためのITシステムを速やかに構築できます（図1-22）。開発環境を構築し、PoC（**7-8**参照）などで事業の実現性を確認した後に、仮想マシンイメージを利用しながら本番環境を構築できます。

新規事業は失敗のリスクもあります。そのような状況で高額な物理機器を大量購入してしまうのは、できれば避けたいところです。仮想化環境やクラウドによって必要最小限のリソースを割り当てることで、新規事業用のシステムを稼働させることが可能です。また、クラウドを利用することで必要なリソースをコントロールしながら事業推進が可能となります。

図1-21　作りやすく捨てやすい仮想化

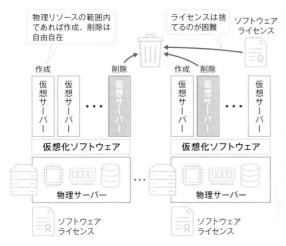

物理リソースの範囲内であれば作成、削除は自由自在

ライセンスは捨てるのが困難

ソフトウェアライセンス

 注意

- 特にオンプレミスでライセンス使用料がハードウェアの搭載CPUに依存することなどから、不要になったら捨てることが困難な場合が多い
- クラウドを利用する場合、時間単位の料金にライセンス料金が含まれているケース（Market Place）などがあるため確認してから利用する
- 物理機器は捨てるにも手間（コスト）がかかる
- 2024年3月時点で、税制上のサーバーの耐用年数は5年間で、5年間は減価償却費として計上できる

図1-22　オンプレミスと仮想化（クラウド）の投資比較

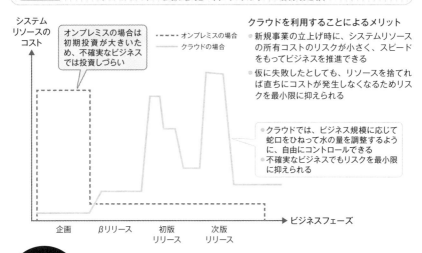

クラウドを利用することによるメリット

- 新規事業の立上げ時に、システムリソースの所有コストのリスクが小さく、スピードをもってビジネスを推進できる
- 仮に失敗したとしても、リソースを捨てれば直ちにコストが発生しなくなるためリスクを最小限に抑えられる
- クラウドでは、ビジネス規模に応じて蛇口をひねって水の量を調整するように、自由にコントロールできる
- 不確実なビジネスでもリスクを最小限に抑えられる

Point

- 仮想マシンは簡単に作れ、簡単に削除できる
- ソフトウェアのライセンスは簡単に捨てられないため注意が必要
- 新規事業など不確実性の高い事業向けのシステムに仮想化のしくみは最適

» 分割したリソースの オンデマンド貸出

分離したリソースとアクセス制御

　仮想化技術の機能によって、ハードウェアのリソースを仮想的なリソースへ分離して複数の仮想マシンへ割り当て、同時に実行ができます。異なる複数のアプリケーションを、**独立性を担保**しながら1つのハードウェア（物理マシン）上で実行ができます。

　分離したリソースを複数の利用者でお互い影響を及ぼさないように利用するために「権限制御のしくみ」が必要となります。権限制御のしくみにより認証された利用者に通行手形（アクセス許可証）を発行することで、アクセスできるリソースとできないリソースを制御しています（図1-23）。

責任共有モデルにおける利用者の責任

　オンプレミスで利用する場合には、所有する会社・組織がすべての責任を負いますが、クラウドでは責任共有モデルに基づき責任範囲が決められています。責任共有モデルとは、クラウド環境においてクラウドベンダー側とそれを利用する側との責任境界線を明確にするモデルです。**クラウドベンダーと利用者それぞれに負う範囲があります。**主要パターンと責任範囲の境界は次の通りです（図1-24）。

- **IaaS型の場合**：仮想マシンとOS
- **PaaS型の場合**：ランタイムとアプリケーション
- **SaaS型の場合**：アプリケーションとデータ

　利用者の責任範囲はIaaSが最も大きく、PaaSやSaaSになるほど小さくなります。クラウドベンダーが利用者に提供している機能が意図した通りに動作するよう、正しく設定することは利用者責任となる点には注意が必要です。また、オンプレミスで同一組織内での責任範囲を決める際に、この共有モデルを利用しているケースもあります。

図1-23 多数の利用者が互いに影響を及ぼさずにリソースを利用するしくみ

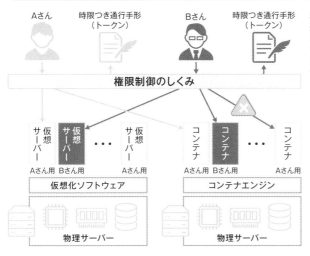

権限制御のしくみを通じて通行手形を発行してもらうことで、自分の権限の範囲で分割されたリソースにアクセスできる（コンテナについては第2章を参照）

図1-24 オンプレミス、IaaS、PaaS、SaaSの責任共有モデル

オンプレミス	IaaS	PaaS	SaaS
データ	データ	データ	データ
アプリケーション	アプリケーション	アプリケーション	アプリケーション
ランタイム	ランタイム	ランタイム	ランタイム
ミドルウェア	ミドルウェア	ミドルウェア	ミドルウェア
OS	OS	OS	OS
仮想化	仮想化	仮想化	仮想化
サーバー	サーバー	サーバー	サーバー
ストレージ	ストレージ	ストレージ	ストレージ
ネットワーク	ネットワーク	ネットワーク	ネットワーク
施設	施設	施設	施設

利用者責任
 クラウドベンダー責任

⚠ **注意**

- クラウドベンダー責任の部分はクラウドの機能の提供と情報管理の責任である
- クラウドの機能に対して正しく設定せずに発生したシステム停止やセキュリティインシデントは利用者責任になる

オンプレミスでも同じ会社や組織の中で上記のようなモデルに基づき、責任範囲を決めているケースもある

Point

- 仮想化技術はハードウェアを共用しながらアプリケーションの独立性を担保できる
- クラウド環境ではそのタイプによって利用者の責任範囲は変化する

やってみよう

仮想化技術の概要が理解できたかチェックしてみよう

第1章では仮想化のメリットや歴史などを紹介しました。仮想化技術の概要をつかんでいただけたでしょうか。

次のクイズに答えて、仮想化の概要に関する理解度をチェックしてみましょう。

Q1 仮想化技術を使うと、どのようなメリットが得られますか？

A 電力消費の削減
B ハードウェアのコスト削減
C AとBの両方

Q2 仮想化技術の一種である「サーバー仮想化」の特徴はどれですか？

A 1つのサーバーを複数の独立した小さなサーバーに分割する
B 複数のサーバーを1つの大きなサーバーに統合する
C サーバーの電源を遠隔操作する

Q3 物理的なハードウェアの故障が発生した場合に、仮想化技術を用いていると仮想マシンはどうなりますか？

A 停止する
B 別のハードウェアに移動する
C データが消失する

Q4 仮想化技術によって、どのようなシステム運用が可能になりますか？

A リモート運用
B 自動運用
C AとBの両方

回答：Q1 C、Q2 A、Q3 B、Q4 C

第 2 章

サーバーの仮想化

～プログラムを効率よく処理するしくみ～

» サーバー仮想化の種類

仮想的なサーバーハードウェアで環境を分ける

　仮想的なサーバーハードウェアで環境を分ける場合には、ホストOS型とハイパーバイザー型の2種類の技術があります（図2-1）。

　ホストOS型は、物理サーバーのホストOSにインストールした仮想化ソフトウェア上で、**仮想サーバーを稼働させる**方法です。仮想サーバー上で動作するOSをゲストOSといいます。仮想化ソフトウェアは他のアプリケーションと同じようにインストールできるため、手軽に仮想化の環境を利用できます。しかし、ホストOS自体のサーバー消費や、仮想化ソフトウェア、その他のアプリケーションによる物理サーバーのリソースがあるため、**仮想サーバーの処理速度が出にくい**ことがあります。

　それに対し、ハイパーバイザー型は物理サーバーに直接ハイパーバイザーをインストールし、仮想サーバーを稼働させる方法です。**専用の物理サーバーを用意する必要はありますが、ホストOSや他のアプリケーションの動作がないため、処理速度の低下を抑えられます。**

プロセス単位で環境を分ける

　プロセス単位で環境を分ける仮想化技術をコンテナ型と呼びます（図2-2）。ホストOS上にコンテナエンジンをインストールし、**アプリケーションの実行環境やライブラリをまとめた仮想化環境（これがコンテナと呼ばれます）を稼働させる方法**です。ゲストOSの起動を待つ必要がなく、起動が速いのがコンテナの特徴です。コンテナが使用する物理サーバーのリソースはゲストOSよりも少なく、より多くのコンテナを同時に稼働させることができます。

　ただし、コンテナはホストOSが未対応のアプリケーションを動作させることができません。また、比較的新しい仮想化技術のため、最適な運用をするための設計ノウハウなどを持った技術者が少なく、学習コストが高くなる傾向があります。

図2-1　サーバーハードウェア仮想化のイメージ

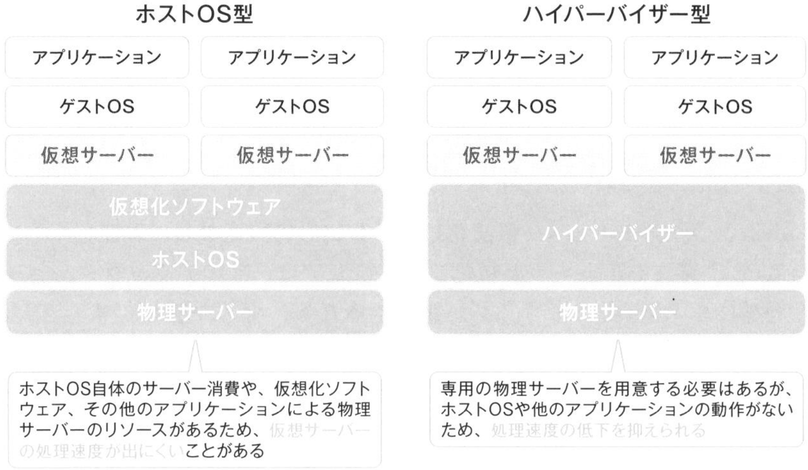

ホストOS型

アプリケーション	アプリケーション
ゲストOS	ゲストOS
仮想サーバー	仮想サーバー

仮想化ソフトウェア

ホストOS

物理サーバー

ホストOS自体のサーバー消費や、仮想化ソフトウェア、その他のアプリケーションによる物理サーバーのリソースがあるため、仮想サーバーの処理速度が出にくいことがある

ハイパーバイザー型

アプリケーション	アプリケーション
ゲストOS	ゲストOS
仮想サーバー	仮想サーバー

ハイパーバイザー

物理サーバー

専用の物理サーバーを用意する必要はあるが、ホストOSや他のアプリケーションの動作がないため、処理速度の低下を抑えられる

図2-2　コンテナ型のイメージ

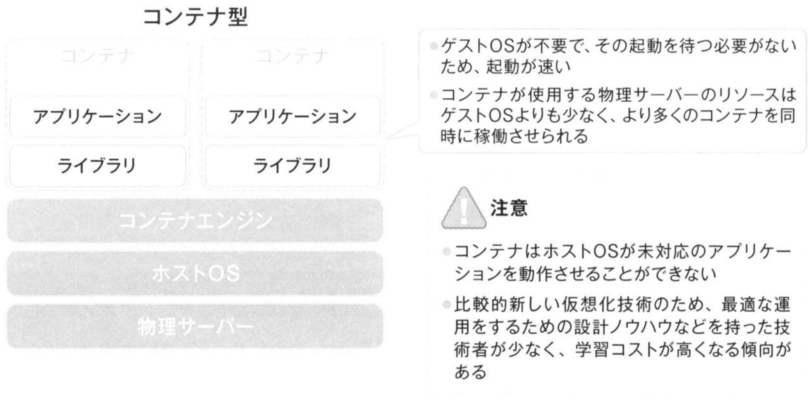

コンテナ型

コンテナ	コンテナ
アプリケーション	アプリケーション
ライブラリ	ライブラリ

コンテナエンジン

ホストOS

物理サーバー

- ゲストOSが不要で、その起動を待つ必要がないため、起動が速い
- コンテナが使用する物理サーバーのリソースはゲストOSよりも少なく、より多くのコンテナを同時に稼働させられる

⚠ 注意

- コンテナはホストOSが未対応のアプリケーションを動作させることができない
- 比較的新しい仮想化技術のため、最適な運用をするための設計ノウハウなどを持った技術者が少なく、学習コストが高くなる傾向がある

Point

- ホストOS型とハイパーバイザー型は仮想サーバーによる仮想化技術
- 仮想サーバーの処理速度が出にくい場合のあるホストOS型とは違い、ハイパーバイザー型の方が専用物理サーバーがあるため、処理速度が高い
- コンテナ型はアプリケーションの実行環境やライブラリをまとめた仮想化技術

手軽に作れる仮想サーバー

手軽にサーバー仮想化を実現できるホストOS型の仮想化

ホストOS型のサーバー仮想化は、**新しい設備投資なし**に現在利用しているPCに導入できます。仮想化ソフトウェアは、他のアプリケーションと同様にホストOSにインストールできるため、導入が容易です。また、「Oracle VM VirtualBox」や「VMware Workstation Player」などの仮想化ソフトウェアは、個人利用や教育目的の場合は無償で利用できるため、導入が簡単なところが利点です。これらのソフトウェアを使用することで、仮想サーバーを構築し、直感的な画面操作で管理できます（図2-3）。

その他、ゲストOSとしてインストールできるOSが豊富なのもホストOS型の仮想化のメリットです。**Windows、Linux、Solaris、Mac OSなど、多くのOSが利用可能です。** ただし、OSライセンスを保有している必要があり、そのための費用がかかる点には注意が必要です。

手元に1台しかPCがなくても、仮想化ソフトウェアを利用することで複数のゲストOSを利用できます。ただし、一度に多くのゲストOSを動作させると、PCのリソース消費が多くなり処理速度が低下する可能性があるため、注意する必要があります。

ホストOS型仮想化の利用用途

構築した仮想サーバーやゲストOSは、サーバー単体の動作確認や、複数のゲストOSを用意して**システム間の動作検証や実機の操作確認などによく利用されます。**サーバー仮想化が容易であるため、検証環境を迅速に構築できる点が大きな利点です。また、サーバーの仮想化に初めて触れてみたい場合などの検証用や学習用途にも利用されることがあります（図2-4）。処理速度が出にくいデメリットもありますが、PCでもサーバー仮想化を実現できるため、初期投資を抑えた小規模なシステム構築でも利用されることがあります。

図2-3　ホストOS型仮想化を利用するメリット

新しい設備投資なしに現在利用しているPCに導入できる

仮想化ソフトウェアは、他のアプリケーションと同様にホストOSにインストールできるため、導入が容易

「Oracle VM VirtualBox」や「VMware Workstation Player」などの仮想化ソフトウェアを使用することで、仮想サーバーを構築し、直感的な画面操作で管理できる（個人利用や教育目的の場合は無償で利用可能）

ゲストOSとしてインストールできるOSが豊富（Windows、Linux、Solaris、Mac OSなど、多くのOSが利用可能）

OSライセンスを保有している必要があり、そのための費用がかかる

手元に1台しかPCがなくても、仮想化ソフトウェアを利用することで複数のゲストOSを利用可能

一度に多くのゲストOSを動作させると、PCのリソース消費が多くなり処理速度が低下する可能性がある

図2-4　ホストOS型仮想化の利用シーン

サーバー単体の動作確認や、複数のゲストOSを用意してシステム間の動作検証や実機の操作確認に利用される

サーバー仮想化が容易であるため、検証環境を迅速に構築可能

サーバーの仮想化に初めて触れてみたい場合などの検証用や学習用途に利用される

PCでもサーバー仮想化を実現できるため、初期投資を抑えた小規模なシステム構築でも利用される

処理速度が出にくいデメリットがある

Point

- ホストOS型は、費用を抑えてサーバー仮想化を利用できる
- ホストOS型は、Windows、Linux、Solarisなど、さまざまな種類のOSをサポートしている
- 仮想サーバーは検証作業や学習用途に利用されることも多い

》 オーバーヘッドの少ない 本番向け仮想化

性能やセキュリティ面で優位なハイパーバイザー型の仮想化

　ホストOS型と比較して、ハイパーバイザー型は**性能面やセキュリティ面で優れています**（図2-5）。

　まず、ハイパーバイザー型は仮想サーバーに割り当てるリソースを柔軟に調整できるため、ホストOS型よりも高いパフォーマンスを発揮できます。

　また、ハイパーバイザー型はホストOS型と異なり、仮想サーバーとホストOSを分離するため、仮想サーバー同士の相互干渉を防止できます。これにより、仮想サーバー間のセキュリティリスクを低減できます。さらに、ハイパーバイザー型は仮想マシンの起動や停止、移動などを自動化できるため、**運用管理の効率化にも貢献します。**

ハイパーバイザー型仮想化の利用用途

　ハイパーバイザー型仮想化は、多くの場面で利用されています（図2-6）。

　例えば、企業のデータセンターでは、ハイパーバイザー型仮想化を利用して物理サーバーを仮想マシンに分割することで、複数のアプリケーションを同時に実行できます。これにより、物理サーバーのリソースを最大限に活用し、運用コストを削減できます。

　また、クラウドサービスプロバイダも、ハイパーバイザー型仮想化を利用して、複数のテナントに対して仮想マシンを提供しています。これにより、テナントごとに独立した仮想化環境を提供でき、セキュリティやパフォーマンスの向上につながります。

　さらに、開発環境やテスト環境でも、ハイパーバイザー型仮想化を利用することが多く、開発者やテスターが独立した仮想化環境で作業ができます。これにより、アプリケーションの開発やテストの効率化が図られます。

図2-5　ハイパーバイザー型仮想化のメリット

高いパフォーマンス

仮想サーバーに割り当てるリソースを柔軟に調整できるため、ホストOS型よりも高いパフォーマンスを発揮できる

セキュリティリスク低減

仮想サーバーとホストOSを分離するため、仮想サーバー同士の相互干渉を防止することができる

運用管理の効率化に貢献

仮想マシンの起動や停止、移動などを自動化できる

図2-6　ハイパーバイザー型仮想化の利用シーン

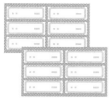
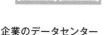

企業のデータセンター

物理サーバーを仮想マシンに分割することで、複数のアプリケーションを同時に実行できる
➡物理サーバーのリソースを最大限に活用し、運用コストを削減可能

**クラウドサービス
プロバイダ**

複数のテナントに対して仮想マシンを提供できる
➡テナントごとに独立した仮想化環境を提供でき、セキュリティやパフォーマンスの向上につながる

開発環境やテスト環境

開発者やテスターが独立した仮想化環境で作業できる
➡アプリケーションの開発やテストの効率化が図られる

Point

〃ハイパーバイザー型は性能面やセキュリティ面で優れている

〃ハイパーバイザー型は運用管理の効率化も容易に行える

〃企業利用では、ホストOS型よりもハイパーバイザー型の方が一般的

》 機能を仮想分割する

インターネット黎明期に採用されていたバーチャルホスト

1つの物理サーバー上で**複数のWebサイトを運用する**ための技術にバーチャルホストがあります。

これは、1つの物理サーバー上で複数の仮想サーバーを構築し、**それぞれの仮想サーバーに対して独自のドメイン名を割り当てて運用する**ものです。これにより、1つの物理サーバーで複数のWebサイトを運用でき、運用コストの削減も可能になります（図2-7）。

HTTP/1.0の時代には、1つのIPアドレスに1つのWebサイトしかサポートされておらず、複数のWebサイトを同じサーバーでホストするのが困難でした。しかし、HTTP/1.1以降では、Hostヘッダーが標準化され、同じIPアドレスを共有する複数のWebサイトを区別するためのしくみが整備されました。これにより、1つのサーバーが複数のドメインをホストでき、バーチャルホストが一般的に利用されるようになりました。

バーチャルホストでサーバーを分けるしくみ

バーチャルホストを実現するためには、サーバー上に仮想的なサーバーを作成する必要があります。

この仮想的なサーバーには、それぞれ独自の設定やドメイン名が割り当てられます。クライアントからのアクセスがあった場合には、そのアクセス先のドメイン名に応じて、対応する仮想的なサーバーにアクセスが転送されます。

前述の通り、バーチャルホストを利用することで、複数のWebサイトを同じサーバー上で運用できますが、注意点もあります。例えば、**1台のサーバーの性能には限界があるため、非常に多くのアクセスが予想される場合には、複数のサーバーを用意して負荷を分散する**必要があります（図2-8）。現在では、クラウドサービスプロバイダが提供する仮想マシンやコンテナを利用することで、より柔軟なバーチャルホスト環境を構築できます。

| 図2-7 | バーチャルホストで機能を仮想分割する |

ドメイン名1　　　　ドメイン名2

仮想サーバー　　　　仮想サーバー

物理サーバー

1つの物理サーバーで複数のWeb
サイトを運用でき、運用コストの
削減も可能になる

HTTP/1.1以降では、Hostヘッダーが
標準化され、バーチャルホストが一般的
に利用されるようになった

| 図2-8 | バーチャルホストのしくみと利用時の注意点 |

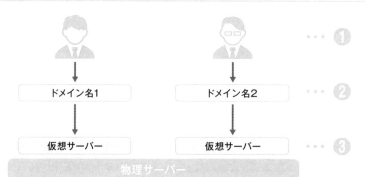

ドメイン名1　　　　ドメイン名2

仮想サーバー　　　　仮想サーバー

物理サーバー

しくみ

① クライアントからドメイン名を指定してアクセスする

② 仮想サーバーにはそれぞれ独自の設定やドメイン名が割り当てられている

③ クライアントからのアクセスは、そのアクセス先のドメイン名に応じて対応する仮想サー
バーに転送される

1台のサーバーの性能には限界があるため、非常に多くのアクセスが予想される場合には、複数のサーバーを用意
して負荷を分散する必要がある

Point

✓ 複数のWebサイトを運用するためのバーチャルホストという技術がある

✓ 仮想的なサーバーへのアクセスは割り当てたドメイン名などに応じて行う

✓ 1台の物理サーバーの性能には限界があるため、必要に応じて物理サー
バーを増やす

» プロセスで分ける①
コンテナの基本

プロセス単位で環境を分けるとはどういうことか?

　プロセス単位で環境を分けるための技術として、コンテナやLXC（Linux Containers、Linuxカーネルの機能を利用して仮想化を行うためのオープンソースの仮想化技術）があります。これらの技術を使用することで、複数のアプリケーションやサービスを同じホスト上で実行できます。

　具体的には、コンテナやLXCは、**各アプリケーションやサービスを独立した環境に分離できます**。これにより、**各アプリケーションやサービスが互いに影響を与えることなく、安定して実行されます**。

　また、コンテナやLXCは、各アプリケーションやサービスに必要なリソースを最適化できます。各コンテナは、必要なリソースだけを割り当てられるため、ホスト上でのリソースの使用効率が向上します。さらに、アプリケーションやサービスのデプロイメントを簡素化することもできます。各コンテナは、必要なライブラリや依存関係を含めた完全な実行環境を持っているため、アプリケーションやサービスを別の環境に移動することが容易になります（図2-9）。

コンテナが共有するものとしないもの

　コンテナが共有するものには、ホストOSのカーネル、ネットワーク、ストレージ、CPUリソースが含まれます。これらのリソースは、複数のコンテナで共有されます。したがって、ホストOSのリソースを最適化できます。

　一方、コンテナが共有しないものには、ユーザーアカウント、プロセス、ファイルシステムが含まれます。**各コンテナは独自のユーザーアカウントを持ち、プロセスを独立して実行する**ため、セキュリティ上の問題を回避できます。また、各コンテナは、独自のファイルシステムを持ち、他のコンテナとは分離された環境で実行されます。このように共有されないものがあることによって、アプリケーションやサービスの安定性を確保できます（図2-10）。

図2-9 **コンテナやLXCを利用したプロセス単位での環境分け**

アプリケーション やサービス	アプリケーション やサービス
ホスト	

コンテナやLXCの機能を利用して、複数のアプリケーションやサービスを同じホスト上で実行できる

アプリケーション
やサービス アプリケーション
やサービス アプリケーション
やサービス

各アプリケーションやサービスを独立した環境に分離できる

➡各アプリケーションやサービスが互いに影響を与えることなく、安定して実行される

アプリケーション
やサービス

各アプリケーションやサービスに必要なリソースを最適化できる

➡各コンテナは必要なリソースだけを割り当てられるため、ホスト上でのリソースの使用効率が向上する

アプリケーション
やサービス

アプリケーションやサービスのデプロイメントを簡素化できる

➡各コンテナは、必要なライブラリや依存関係を含めた完全な実行環境を持っているため、アプリケーションやサービスの別の環境への移動が容易になる

図2-10 **コンテナが共有するものとしないもの**

コンテナ	コンテナ
ホストOSのカーネル	
ネットワーク、ストレージ、CPUリソース	

コンテナが共有するものには、ホストOSのカーネル、ネットワーク、ストレージ、CPUリソースが含まれる

ホストOSのリソースを最適化できる

コンテナが共有しないものには、ユーザーアカウント、プロセス、ファイルシステムが含まれる

●各コンテナは独自のユーザーアカウントを持ち、プロセスを独立して実行するため、セキュリティ上の問題を回避できる

●各コンテナは独自のファイルシステムを持ち、他のコンテナとは分離された環境で実行される

●共有されないものがあることによって、アプリケーションやサービスの安定性を確保できる

Point

⁄⁄コンテナやLXCの技術を使ってプロセス単位で環境を分けられる

⁄⁄各アプリケーションやサービスを分離することで、互いに安定して実行できる

⁄⁄コンテナは独自のユーザーアカウントを持ち、プロセスを独立して実行する

≫ プロセスで分ける②
コンテナのコントロール

コンテナをコントロールするしくみ

コンテナをコントロールするしくみとして、Dockerがあります。こ
れは、コンテナ仮想化を利用してアプリケーションをパッケージ化、配
布、実行するためのオープンソースです。アプリケーションとその依存関
係をコンテナにまとめることで、アプリケーションのポータビリティとス
ケーラビリティを向上させます（図2-11）。

Dockerは、Docker Engineと呼ばれるコンポーネントを用いて、コ
ンテナのコントロールを実現します。Docker Engineは、Dockerの中心的
な機能です。Dockerイメージの作成、Dockerコンテナの実行、Dockerコ
ンテナの管理に必要なツールが含まれます。また、Docker Engineは、
Dockerコンテナのネットワーク、ストレージ、セキュリティを管理する
ための機能も提供します。Docker Engineは、Docker CLIを利用すること
で、利用者はコンテナを簡単に作成、実行、管理ができます。

また、Docker Engineは、Docker Hubと呼ばれるオンラインレジストリ
と連携しています。Docker Hubは、Dockerコンテナのイメージを保存、
共有、管理するためのオンラインプラットフォームであり、Dockerコン
テナの開発者や利用者がイメージを共有するための中心的な場所となって
います。

DockerとContainerdの違い

Dockerは、**コンテナの作成、実行、管理を行うための完全なソリュー
ション**を提供しています。一方、Containerdはコンテナランタイムを
管理するためのオープンソースです。Dockerのコンポーネントの一部と
して開発されました。Containerdは、Dockerのコンテナランタイムを分離
し、独立したコンテナランタイムとして提供することを目的としていま
す。Containerdは、**コンテナの実行に必要な最小限の機能を提供するた
め、Dockerよりも軽量であり、高速に動作します**（図2-12）。

図2-11　Dockerでコンテナをコントロールする

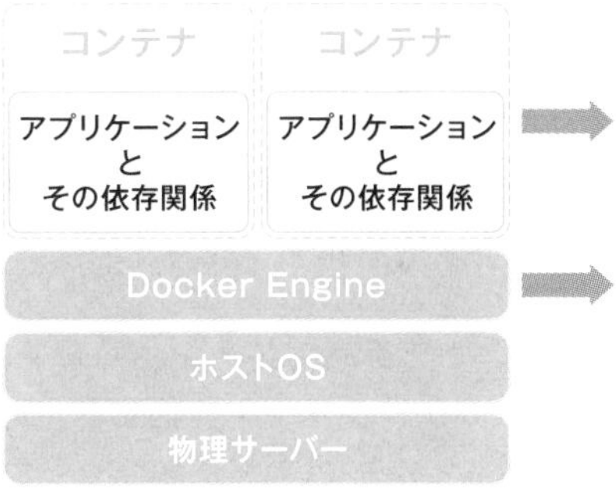

コンテナ	コンテナ
アプリケーション と その依存関係	アプリケーション と その依存関係

Docker Engine
ホストOS
物理サーバー

アプリケーションとその依存関係をコンテナにまとめることで、アプリケーションのポータビリティとスケーラビリティを向上させる

コンテナのコントロールを実現する
- Dockerイメージの作成、Dockerコンテナの実行、Dockerコンテナの管理に必要なツールが含まれる
- Dockerコンテナのネットワーク、ストレージ、セキュリティを管理するための機能も提供する

Docker CLIを介して制御する
Docker CLIを使用することで、利用者はDockerコンテナを簡単に作成、実行、管理することができる

Docker Hubと呼ばれるオンラインレジストリと連携している
Docker Hubは、Dockerコンテナのイメージを保存、共有、管理するためのオンラインプラットフォームであり、Dockerコンテナの開発者や利用者がイメージを共有するための中心的な場所となっている

図2-12　Containerdのしくみと特徴

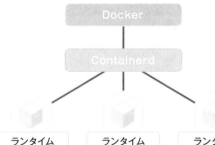

Containerdは、Dockerのコンテナランタイムを分離し、独立したコンテナランタイムとして提供することを目的としている

⇒ Containerdは、コンテナの実行に必要な最小限の機能を提供するため、Dockerよりも軽量であり、高速に動作する

Point

- コンテナをコントロールするためにはDockerやContainerdを利用する
- Dockerはコンテナの作成、実行、管理を行える
- Dockerと同系ソフトウェアのContainerdは、最小限の機能で軽快に動作する

» コンテナの実体

アプリケーションのパッケージ化

　コンテナを利用する際には、アプリケーションをパッケージ化します。アプリケーションのパッケージ化とは、アプリケーションを実行するために必要なすべてのコンポーネントを1つのパッケージにまとめるプロセスです。このパッケージは、「定義ファイル」と「イメージ」によって構成されます（図2-13）。コンテナは、ベースイメージにアプリケーションを載せたイメージをビルドする方式が一般的です。

　定義ファイルは、**アプリケーションの構成情報を含むファイル**です。このファイルには、アプリケーションの依存関係、実行環境、設定情報が含まれます。定義ファイルは、DockerfileやKubernetesのマニフェストファイル（**2-9**参照）などの形式で提供されます。

　それに対しイメージは、アプリケーションを実行するために必要なすべてのコンポーネントを含むファイルです。**イメージには、アプリケーションの実行に必要なライブラリ、実行環境、設定ファイルが含まれます。**イメージは、Dockerイメージ（Kubernetesのコンテナイメージも含む）などの形式で提供されます。

アプリケーションの実行

　こうした定義ファイルやイメージを使ってDockerやKubernetesなどのコンテナ技術でコンテナアプリケーションを起動する流れは次の通りです（図2-14）。

　まずは、アプリケーションを実行するために必要な環境（実行環境や設定情報など）を定義します。

　次に、定義ファイルを使用し、アプリケーションを実行するためのコンテナイメージをビルドします。

　最後に、ビルドされたイメージを使用し、アプリケーションを実行するためのコンテナを起動します。

図2-13　定義ファイルとイメージによるアプリケーションのパッケージ化

コンテナ	コンテナ
イメージ	イメージ
定義ファイル	定義ファイル

Docker Engine

ホストOS

物理サーバー

アプリケーションのパッケージ化
- アプリケーションを実行するために必要なすべての コンポーネントを1つのパッケージにまとめる
- このパッケージは、「定義ファイル」と「イメージ」に よって構成される

定義ファイル
（アプリケーションの構成情報を含むファイル）

アプリケーションの依存関係、実行環境、設定情報 が含まれる
- 定義ファイルは、DockerfileやKubernetesのマニフェスト ファイルなどの形式で提供される

イメージ
（アプリケーションを実行するために必要なすべて のコンポーネントを含むファイル）

アプリケーションの実行に必要なライブラリ、実行 環境、設定ファイルが含まれる
- DockerイメージやKubernetesのコンテナイメージなどの 形式で提供される

図2-14　アプリケーションの実行（コンテナ起動）の流れ

Step 1　アプリケーションを実行するために必要な環境を定義
- アプリケーションの依存関係、実行環境、設定情報が含まれる

Step 2　定義ファイルを使用して、アプリケーションを実行するためのコンテナ イメージをビルド
- アプリケーションの実行に必要なすべてのコンポーネントが含まれる

Step 3　ビルドされたイメージを使用して、アプリケーションを実行するための コンテナを起動
- アプリケーションの実行に必要な環境が含まれる

Point

- コンテナを利用する際には、アプリケーションをパッケージ化する
- 定義ファイルには、アプリケーションの依存関係など構成情報を定義する
- イメージには、アプリケーションの実行に必要なライブラリなどを含める

» コンテナのポータビリティ

OSリソースを仮想化してコンテナに見せるしくみ

Docker Engine は、OSリソースを仮想化してコンテナに見せるしくみを提供しています（図2-15）。

Docker Engineは、Linuxのcgroups機能を使用して、コンテナ内で実行されるアプリケーションに対し、CPU、メモリ、ネットワーク、ディスクアクセスなどのリソースを割り当てます。また、Linuxのnamespace機能を使用して、コンテナ内で実行されるアプリケーションに独自のネットワーク、ファイルシステム、プロセス空間を提供します。

Docker Engineは、これらの機能を使用して、**コンテナ内で実行されるアプリケーションに必要なリソースを仮想化し、ホストOSのリソースを直接使用できるようにします**。これによって、アプリケーションの実行環境を標準化し、アプリケーションのデプロイメントが自動化できるようになります。

ポータビリティの有効性

コンテナ技術を使用すれば、アプリケーションをコンテナにパッケージ化し、異なる環境でも実行できるようになります（図2-16）。

例えば、コンテナ環境を使用することで、**開発環境と本番環境で同じアプリケーション環境を使用することが容易になる**ので、アプリケーションを開発環境から本番環境へスムーズに移行できます。

また、コンテナは、異なるクラウドサービスの間であっても、簡単にアプリケーションを移動できるため、クラウド移行の際にも便利です。さらにコンテナは、**クラウド環境とオンプレミス環境の間でも活用できる**ため、ハイブリッドクラウド環境でのアプリケーションの管理にも向いています。

このように、コンテナ環境のポータビリティは、アプリケーションの開発、デプロイメント、管理を容易にするための重要な機能です。

図2-15 Docker Engineによる仮想化のしくみ

cgroups機能
コンテナ内で実行されるアプリケーションに対し、CPU、メモリ、ネットワーク、ディスクアクセスなどのリソースを割り当てる
➡ ホストOSのリソースを直接使用できるようになる

namespace機能
コンテナ内で実行されるアプリケーションに独自のネットワーク、ファイルシステム、プロセス空間を提供する
➡ アプリケーションの実行環境を標準化し、アプリケーションのデプロイメントが自動化できるようになる

図2-16 異なる環境で実行可能なコンテナ

コンテナ環境を使用することで、開発環境と本番環境で同じアプリケーション環境を使用することが容易になる
➡ アプリケーションを開発環境から本番環境へスムーズに移行できる

コンテナは、異なるクラウドサービスの間であっても、簡単にアプリケーションを移動できる
➡ クラウド移行の際にも便利

コンテナは、クラウド環境とオンプレミス環境の間でも活用できる
➡ ハイブリッドクラウド環境でのアプリケーションの管理にも向いている

Point

- ホストOSのリソースを直接使用できるように各種リソースが仮想化される
- コンテナ技術でパッケージ化されたアプリケーションは開発環境と本番環境、クラウド環境とオンプレミス環境など、異なる環境上で実行することが可能

» コンテナを管理するしくみ

多数のコンテナをコントロールするしくみ

　Kubernetesは、Googleが開発した**オープンソースのコンテナオーケストレーションツールであり、多数のコンテナをコントロールするためのしくみ**を提供しています。文字数が多いため、よくK8s（"8"は最初の文字kと最後の文字sの間に8文字あることからこのように表記される）と表記されます。

　Kubernetesは、**コンテナのデプロイメント、スケーリング、ロードバランシング、およびストレージやネットワーク管理を自動化するための機能**を提供しています（図2-17）。Kubernetesは、コンテナをグループ化して、単一のアプリケーションとして扱えます。これにより、アプリケーションのデプロイメントと管理が効率的に行えるようになります。

あるべき姿を定義して自動でコントロール

　あるべき姿とは、アプリケーションが正常に動作するために必要なリソースを適切に割り当て、アプリケーションのスケーリングやアップデートを自動化することです。Kubernetesで実現する場合、アプリケーションの状態を定義するためのマニフェストファイル（デプロイメントやスケーリングの情報が含まれる）を使用します。**Kubernetesは、このマニフェストファイルを使用して、アプリケーションの状態を定義し、定義されたあるべき姿になるように、自動でコントロールできます。**

　具体的には、Kubernetesは、次のような機能を提供しています（図2-18）。

- 自動スケーリング
- 自動アップデート
- 自動復旧
- リソース管理

図 2-17　Kubernetesが実現できるコンテナ管理

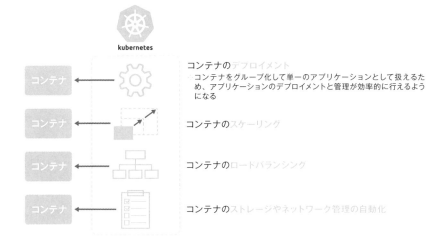

コンテナのデプロイメント
コンテナをグループ化して単一のアプリケーションとして扱えるため、アプリケーションのデプロイメントと管理が効率的に行えるようになる

コンテナのスケーリング

コンテナのロードバランシング

コンテナのストレージやネットワーク管理の自動化

図 2-18　アプリケーションの状態を定義するKubernetes

あるべき姿
- アプリケーションが正常に動作するために必要なリソースを適切に割り当てる
- アプリケーションのスケーリングやアップデートを自動化する

マニフェストファイル
アプリケーションの状態を定義する
アプリケーションのデプロイメント、スケーリングの情報が含まれる

自動スケーリング　　自動アップデート

自動復旧　　リソース管理

Point

- 多数のコンテナをコントロールためにコンテナオーケストレーションツールを使う
- Kubernetesは代表的なツールで、コンテナのデプロイメントやロードバランシング、およびアプリケーションの状態を定義して自動コントロールする機能を有している
- Kubernetesでアプリケーションのあるべき姿を定義して自動でコントロール可能である

≫ コンテナ間通信を管理するしくみ

コンテナ間通信はEnvoyにお任せ

　Envoyは、**コンテナ間の通信を制御するためのオープンソースのプロキシサーバー**です。サービスメッシュ（マイクロサービスで実装したコンテナ間の通信を制御する技術）の一部として使用され、コンテナ間の通信を監視し、ルーティング、トラフィック制御、セキュリティ、可用性などの機能を提供します（図2-19）。

　Envoyは、コンテナ間の通信をプロキシすることで、トラフィックの可視性を向上させ、セキュリティを強化し、トラフィックの制御を容易にします。Envoyは、HTTP、gRPC、TCPなどのプロトコルをサポートし、ロードバランシングやフェイルオーバーなどの機能を提供します。Envoyは、サービスメッシュの中心的な役割を果たし、コンテナ間の通信を制御することで、アプリケーションの可用性やセキュリティを向上させます。

Envoyが実現するネットワーク機能

　Envoyは、次のようなネットワーク機能を実現できます（図2-20）。これらの機能により、Envoyは、サービスメッシュの中心的な役割を果たし、**コンテナ間の通信を制御することで、アプリケーションの可用性やセキュリティを向上させます。**

- **ロードバランシング**……コンテナ間のトラフィックを均等に分散する
- **フェイルオーバー**……障害が発生したバックエンドサービスを自動的に検出し、別のバックエンドサービスにトラフィックを転送する
- **サーキットブレーカー**……バックエンドサービスの障害時にトラフィックを制限することで、システム全体の可用性を向上させる
- **セキュリティ**……トラフィックの暗号化や認証機能を提供する
- **モニタリング**……トラフィックのログやメトリクスを収集し、可視性を向上させる

図2-19　Envoyによるコンテナ間通信制御

サービスメッシュの一部として使用され、コンテナ間の通信を監視し、ルーティング、トラフィック制御、セキュリティ、可用性などの機能を提供する

コンテナ間の通信をプロキシすることで、トラフィックの可視性を向上させ、セキュリティを強化し、トラフィックの制御を容易にする

HTTP、gRPC、TCPなどのプロトコルをサポートし、ロードバランシングやフェイルオーバーなどの機能を提供する

図2-20　Envoyで実現できるコンテナのネットワーク環境

ロードバランシング
コンテナ間のトラフィックを
均等に分散する

フェイルオーバー
障害が発生した
バックエンドサービスを
自動的に検出し、
別のバックエンドサービスに
トラフィックを転送する

サーキットブレーカー
バックエンドサービスの
障害時にトラフィックを制限
することで、システム全体の
可用性を向上させる

セキュリティ
トラフィックの暗号化や
認証機能を提供する

モニタリング
トラフィックのログやメトリクスを
収集し、可視性を向上させる

Point

📝Envoyはコンテナ間通信を制御する機能を提供するオープンソースである

📝コンテナ間の通信を制御することで、アプリケーションの可用性やセキュリティを向上させることができる

やってみよう

YAML形式のコードを書いてみよう

　サーバー仮想化技術の1つであるコンテナのオーケストレーションプラットフォームとしてKubernetesを紹介しました。また、**2-9**では、Kubernetesのマニフェストについて説明しました。

　このマニフェストが実際にはどのようなものかをイメージしてもらうために、以下にサンプルを載せます。YAML形式の記述なので少しとっつきにくいかもしれませんが、アプリケーションコードに比べると比較的理解しやすいです。読者の皆さんもマニフェストファイルを書く練習をしてみましょう。

```yaml
yaml
apiVersion: v1
kind: Pod
metadata:
    name: my-pod
spec:
    containers:
      - name: my-container
        image: nginx:latest
        ports:
          - containerPort: 443
```

- **apiVersion**：マニフェストファイルで使用されるKubernetes APIのバージョン
- **kind**：マニフェストファイルで定義されているリソースの種類
- **metadata**：リソースのメタデータ（上記サンプルでは、ポッド名を"my-pod"と指定）
- **spec**：リソースの詳細な設定（上記サンプルでは、ポッド内に"my-container"という名前のコンテナを1つ定義し、そのコンテナに"nginx:latest"というイメージを適用して443ポートをコンテナに公開）

第3章

ネットワークの仮想化

〜通信を分けたりつないだりするしくみ〜

》ネットワーク仮想化の種類と用途

分割する仮想化（VLAN・QoS）

ネットワークの仮想化には、図3-1に挙げたようなものがあります。

VLAN（Virtual Local Area Network）は、**物理的なネットワークを論理的に分割する技術**です。複数のネットワークを1つの物理的なネットワーク上で分割することで、セキュリティの向上やネットワークの効率化が可能になります。VLANを利用することで、同じ物理的なネットワーク上でも異なるセグメント同士で通信を行うことができます。例えば、企業内の部署ごとにVLANを設定してネットワークセグメントを分割することで、セキュリティを強化できます。

QoS（Quality of Service）は、**ネットワーク上での通信品質を保証する技術**です。ネットワーク上での通信は、複数のデバイスやアプリケーションが同時に行われるため、通信品質が低下することがありますが、QoSを利用することで、通信品質を保証できます。例えば、ビデオ通話やストリーミングなどのリアルタイム通信には、遅延やパケットロスが許容できないため、優先的に通信帯域を割り当てることができます。一方で、メールやファイル転送などの通信には、通信品質が低下しても問題がないため、低い優先度で通信帯域を割り当てることができます。

保護する仮想化（VPN）

VPN（Virtual Private Network）は、**仮想的なプライベートネットワークを構築する技術**です。VPNを利用することで、インターネット上での通信を暗号化し、通信を盗聴や傍受から保護することができます。

VPNは、リモートアクセスVPNとサイト間VPNの2つに分類されます（図3-2）。リモートアクセスVPNは、外部からインターネットを介して企業内のネットワークにアクセスするためのVPNです。どこからでもVPNを介して企業内のネットワークにアクセスできます。サイト間VPNは、複数の拠点を持つ企業などがインターネットを介して拠点同士を接続するためのVPNです。

図3-1 **ネットワーク仮想化の種類**

	概 要	特 徴	用 途
VLAN	物理的なネットワークを論理的に分割する技術	同じ物理的なネットワーク上でも異なるセグメント同士で通信を行えるため、セキュリティの向上やネットワークの効率化が可能になる	企業内の部署ごとにVLANを設定してネットワークセグメントを分割することで、セキュリティを強化できる
QoS	ネットワーク上での通信品質を保証する技術	通信品質を保証できる	● ビデオ通話やストリーミングなどのリアルタイム通信には、遅延やパケットロスが許容できないため、優先的に通信帯域を割り当てられる ● メールやファイル転送などの通信には通信品質が低下しても問題がないため、低い優先度で通信帯域を割り当てられる

図3-2 **分割や保護のための仮想化**

リモートアクセスVPN

リモートワーカーや出張者などが、自宅やホテルなどの外部からVPN接続を行い、企業内のネットワークにアクセスできる

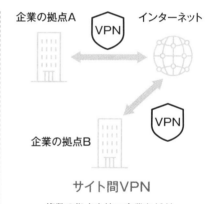

サイト間VPN

複数の拠点を持つ企業などが、インターネットを介して拠点同士を接続できる

Point

- VLANは物理的なネットワークを複数の論理的なネットワークに分ける
- QoSを利用すれば、ネットワーク上での通信品質を保証できる
- ネットワーク上に仮想的なプライベート環境を作る場合はVPNを利用する

》 LANを分割する

ネットワーク機器を効率的に使用する

　前節で説明したように、VLANは、物理的なネットワークを論理的に分割する技術です。複数のネットワークを1つの物理的なネットワーク上で分割することで、セキュリティの向上やネットワークの効率化が可能になります。

　VLANは、スイッチやルータなどのネットワーク機器を利用して実現します。スイッチには、ポートごとにVLANを設定できます。同じVLANに属するポート同士は、物理的に接続されていなくても同じネットワーク上にあるとみなされます。また、ルータを利用して異なるVLAN同士を接続できます。

　異なるセグメント同士で通信を行う場合、通信が不要なポートにも通信が流れるため、ネットワークの効率が低下することがありますが、**VLANを利用することで、不要なポートに通信が流れることを防ぎ、ネットワークの効率を向上させることができます**（図3-3）。

ポートVLANとタグVLAN

　VLANにはポートVLANとタグVLANがあります（図3-4）。

　ポートVLANは、スイッチのポートごとにVLANを設定する方法です。ポートごとにVLANを設定することで、同じVLANに属するデバイス同士で通信を行えます。ポートVLANは、スイッチのポートごとにVLANを設定するため管理が容易であり、設定が簡単です。しかし、異なるVLAN同士の通信を行う場合、ルータを介して通信を行う必要があります。

　タグVLANでは、VLAN IDを付加したタグをパケットに付与することで、異なるVLAN同士の通信を行えます。タグVLANは、ポートVLANと比較して、より柔軟なVLANの設定が可能であり、異なるVLAN同士の通信をルータを介さずに行えます。しかし、タグVLANはポートVLANに比べて設定や管理が複雑になります。

図3-3　VLANでネットワークを効率化

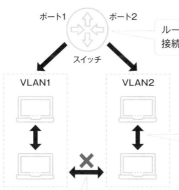

ポート1　ポート2
スイッチ

ルータを利用して異なるVLAN同士を
接続できる

VLAN1　VLAN2

同じVLANに属するポート同士は、物理
的に接続されていなくても同じネット
ワーク上にあるとみなされる

VLANを利用することで、不要なポー
トに通信が流れることを防ぎ、ネット
ワークの効率を向上させられる

図3-4　ポートVLANとタグVLANの違い

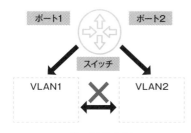

ポート1　ポート2
スイッチ
VLAN1　VLAN2

ポートVLAN

スイッチのポートごとにVLANを設定
する方法

● 同じVLANに属するデバイス同士で通信を行
える

※ 異なるVLAN同士の通信を行う場合、ルータ
を介して通信を行う必要がある

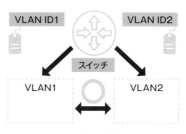

VLAN ID1　VLAN ID2
スイッチ
VLAN1　VLAN2

タグVLAN

VLAN IDを付加したタグをパケットに付与
する方法

● 異なるVLAN同士の通信を、ルータを介さず
に行える

※ タグVLANはポートVLANに比べて設定や管
理が複雑になる

Point

✎ VLANを利用することで、不要なポートに通信が流れることを防ぎ、ネッ
トワークの効率を向上させることができる

✎ VLANにはポートVLANやタグVLANといった複数の方式がある

» 帯域制御で通信品質を保つ

特定の通信用に帯域を確保するQoS

3-1でも説明したように、QoSは、ネットワーク上での通信品質を保証する技術です。ネットワーク上での通信は、複数のデバイスやアプリケーションが同時に行われるため、通信品質が低下することがありますが、QoSを利用することで、通信品質を保証できます（図3-5）。

QoSは、ネットワーク上でのトラフィックを分類し、**優先度に応じて通信帯域を割り当てる**ことで実現されます。**トラフィックの分類には、ポート番号やアプリケーションなどが利用されます。**また、QoSを実現するためには、ネットワーク機器やアプリケーションなどがQoSに対応している必要があります。QoSを利用することで、ビデオ通話やストリーミングなどのリアルタイム通信の品質を向上させられます。

QoSの使いどころ

QoSは、次のような場合で使われます（図3-6）。

● ビデオ通話やストリーミングなどのリアルタイム通信

ビデオ通話やストリーミングなどのリアルタイム通信は、遅延やパケットロスが許容できないため、優先的に通信帯域を割り当てる必要があります。

● VoIP（Voice over IP）通信

VoIP通信は、音声データをパケット化して送信するため、遅延やパケットロスが発生することがあります。QoSを利用することで、VoIP通信に必要な通信帯域を確保し、**遅延やパケットロスを最小限に抑えられます。**

● ファイル転送やメールなどの通常の通信

ファイル転送やメールなどの通常の通信は、通信品質が低下しても問題がないため、低い優先度で通信帯域を割り当てられます。

図3-5 **QoSでの帯域制御**

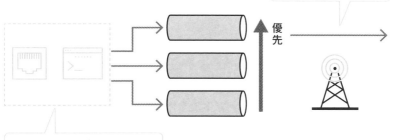

優先度に応じて
通信帯域を割り当てる

優先

ポート番号やアプリケーションで
トラフィックを分類

図3-6 **QoSはさまざまなところで利用されている**

ビデオ通話やストリーミングなどのリアルタイム通信
※遅延やパケットロスが許容できないため、優先的に
通信帯域を割り当てる必要がある

VoIP通信
※QoSを利用することで、VoIP通信に必要な通信帯域
を確保し、遅延やパケットロスを最小限に抑えられる

ファイル転送やメールなどの通常の通信
※通信品質が低下しても問題がないため、低い優先
度で通信帯域を割り当てられる

Point

- QoSは、ポート番号やアプリケーションなどでトラフィックを分類して
優先度に応じた通信帯域を割り当てる
- QoSは、ストリーミングやVoIP通信などのリアルタイムでかつ遅延や
パケットロスを最小限に抑えたい通信で使われる

離れたネットワークをつなぐ①
SSL-VPN方式

端末通りモートネットワークをつなぐSSL-VPN

SSL-VPNとは、インターネットを介して安全にリモートアクセスを行うための技術です。SSL-VPNは、Secure Sockets Layer（SSL）プロトコルを使用して**暗号化されたトンネルを作成し**、リモートユーザーが企業のネットワークにアクセスできるようにします。

SSL-VPNはIPSec VPNと比較して、**クライアントソフトウェアのインストールが不要**（Webブラウザがあれば原則利用可能）であるため、複雑な設定なしにPCやスマートフォンのWebブラウザから使用でき、テレワークなどの在宅環境にも比較的対応しやすいといわれています。

SSL-VPNには、次の3種類の接続方式が存在します（図3-7）。

- リバースプロキシ
- ポートフォワーディング
- L2フォワーディング

SSL-VPNは接続先に設置された機器に性能が依存するため、アクセスが大量に発生すると性能が低下する可能性があります。

SSL-VPNの使いどころ

SSL-VPNはWebブラウザからサーバーにSSL通信が行えることを目的に開発されており、**外部（インターネットに接続できる任意の場所）から社内ネットワークにアクセスすることに向いています**。代表的な使いどころとしては、クレジットカードなどの重要なデータを送信する際に利用されます。スマートフォンやモバイルデバイスからのアクセスにも対応しています。リモートワークでは、企業の従業員が自宅や外出先から企業ネットワーク内へと接続する必要がありますが、SSL-VPNを使用することで、安全にデータを送受信することが可能になります（図3-8）。

図3-7

SSL-VPNの接続方式

	概　要	補　足
リバース プロキシ	外部のネットワークから社内ネットワークへアクセスするための接続方式	利用者は専用ソフトをインストールする必要がないが、Webブラウザに対応していないアプリケーションは利用できないという課題がある
ポートフォワーディング	クライアント側にActiveXやJavaアプレットなどの通信用のモジュールをインストールし、そのモジュールと社内にあるSSL-VPN機器との間でSSL通信を確立するしくみ	SSL-VPN機器には、事前に社内ネットワークで利用するサーバーやポート番号が設定されているため、通信中にポート番号が変化するようなアプリケーションは利用できない
L2フォワーディング	クライアント側にSSL-VPNクライアントソフトをインストールし、SSL-VPNクライアントソフトとSSL-VPN機器との間でSSL通信を確立するしくみ	SSL-VPNクライアントソフトにある仮想NICにVPN接続用のIPアドレスが付与されるため、ポート番号が変化するアプリケーションでも利用できる

図3-8

リモートワークのアクセスイメージ

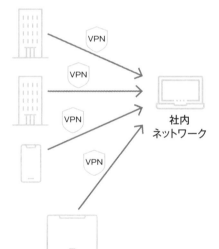

外部からのアクセスに対応

クレジットカードなどの重要なデータを送信する際に利用される

スマートフォンやモバイルデバイスからのアクセスに対応

安全にデータを送受信することが可能になる

Point

- SSL-VPNはVPN通信を暗号化する
- SSL-VPNはクライアントソフトウェアのインストールが不要である
- SSL-VPNはリモートワークなど社外から企業ネットワークへのアクセス時などに利用される

離れたネットワークをつなぐ②
IPSec-VPN方式

サイト同士のネットワークをつなぐIPSec-VPN

　IPSec-VPNは、専用のクライアントソフトウェアを使用し、Internet Protocol Security（IPSec）プロトコルによって**暗号化されたトンネルを構築する**ことで、リモートユーザーが企業のネットワークに安全にアクセスできるようにする技術です。IPSec-VPNは、ネットワーク層でVPNトンネルが作成されます。**プロトコルに依存せず、HTTPやFTPなどのアプリケーションも意識することなく利用できます。**ただし、IPSec-VPNは**クライアントソフトウェアが必要**なため、SSL-VPNより高度なセキュリティを実現できます。

　主なIPSec-VPNソフトウェアは次の通りです（図3-9）。

- **Cisco AnyConnect**
- **OpenVPN**
- **Check Point VPN**
- **FortiClient**
- **Shrew Soft VPN Client**
- **IPSec-Tools**

IPSec-VPNの使いどころ

　IPSec-VPNは企業や、本社と支社を結ぶ各拠点間通信で利用されることが多いです（図3-10）。拠点ごとに設置したVPN用ルータ同士を接続することで、容易に暗号化されたトンネルを作成するため、データの盗聴や改ざん、なりすまし攻撃などから通信を保護できます。

　また、リモート環境からインターネットを介して社内の業務サーバーにアクセスするために利用されます。近年リモートワークが増えている中、社員の端末にクライアントソフトウェアをインストールし、企業に設置したVPN用ルータと接続することで通信を保護します。

図3-9 主なIPSec-VPNソフトウェアとその特長

	概 要	特 徴
Cisco AnyConnect	安全なリモートアクセスVPNを実現する法人向けセキュア・モビリティ・クライアント（SMC）ソフトウェア	・多様な認証メカニズム ・シームレスなトンネリング ・直感的なインタフェース ・企業向けの高度なセキュリティ機能
OpenVPN	サーバー間に暗号化されたトンネルを作成するためのオープンソースのVPNソフトウェア	・柔軟な設定 ・高いセキュリティ機能 ・ポイントツーポイントやサイトツーサイト接続に対応
Check Point VPN	Check Pointのセキュリティプラットフォームに統合されたVPNソリューション	・洗練されたセキュリティ機能 ・統合された管理コンソール
FortiClient	高セキュアで安心のテレワーク・在宅ワーク環境を簡単に構築できるソフトウェア	・統合的なエンドポイントセキュリティ ・豊富なセキュリティ機能
Shrew Soft VPN Client	WindowsおよびLinux・BSD向けに提供されているIPSecベースのリモートアクセスVPNクライアントソフトウェア	・複数のプラットフォームに対応 ・柔軟な設定
IPSec-Tools	IPSecプロトコルを使用したセキュアな通信を提供するためのオープンソースツールセット	・標準のIPSec機能 ・多くのプラットフォームで利用可能

図3-10 IPSec-VPNの用途と実現できること

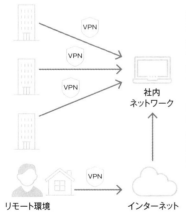

社内ネットワーク

リモート環境　インターネット

企業や、本社と支社を結ぶ各拠点間通信で利用されることが多い

拠点ごとに設置したVPN用ルータ同士を接続することで容易に暗号化されたトンネルを作成するため、データの盗聴や改ざん、なりすまし攻撃などから通信を保護できる

リモート環境からインターネットを介して社内の業務サーバーにアクセスするために利用される

社員の端末にクライアントソフトウェアをインストールし、企業に設置したVPN用ルータと接続することで通信を保護する

Point

- IPSec-VPNはVPN通信を暗号化する
- IPSec-VPNはプロトコルやアプリケーションを意識することなく利用できる
- IPSec-VPNはクライアントソフトウェアのインストールが必要

離れたネットワークをつなぐ③ VXLAN方式

IPアドレスを変えないL2延伸

VXLAN（Virtual Extensible LAN）は、ネットワークの仮想化技術の1つです。従来のVLANは、ネットワークを論理的に分割する技術ですが、そのIDの数が4,096までという制限がありました。しかし、クラウドコンピューティングの普及に伴い、より多くのネットワーク分割が必要となり、その制限が問題となっていました。

そこで登場したのがVXLANです。VXLANは、24ビットのVXLANネットワーク識別子（VNI）を使用することで、最大約1,600万の論理ネットワークを作成することが可能です。これにより、大規模なデータセンターやクラウド環境でのネットワーク分割が容易になりました。VXLANは、仮想的な拡張LANを実現するための技術です（図3-11）。**従来のVLANの制限を克服し、大規模な仮想ネットワークを構築できます。**

VXLANの使いどころと注意点

VXLANの具体的な利用用途を紹介します（図3-12）。

例えば、クラウド環境では、複数のテナントが同じ物理的なネットワークを共有するため、VXLANを使用してテナントごとに仮想的な拡張LANを実現できます。また、データセンターでは、仮想マシンの移動に対応するため、VXLANを使用して仮想的な拡張LANを実現できます。

VXLANの注意点としては、VXLANを使用する場合、ネットワークのオーバーヘッドが増加するため、パフォーマンスに影響を与える可能性があります。また、VXLANを使用する場合、ネットワークの設計が複雑になるため、**設計には十分な注意が必要**です。さらに、VXLANは、従来のVLANとは異なるため、**ネットワーク機器の対応が必要**です。VXLANを使用する場合、スイッチやルータなどのネットワーク機器がVXLANに対応している必要があります。

図3-11 拡張LANのイメージ

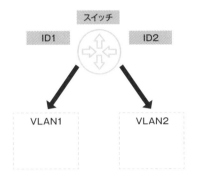

従来のVLAN
ネットワークを論理的に分割

IDの数が4,096までという制限がある

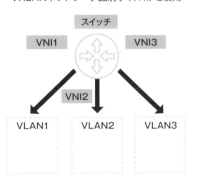

VXLAN
VXLANネットワーク識別子（VNI）を使用

最大約1,600万の論理ネットワークを作成できる

図3-12 VXLANの利用シーン

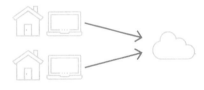

クラウド環境では、複数のテナントが同じ物理的なネットワークを共有するため、VXLANを使用してテナントごとに仮想的な拡張LANを実現できる

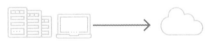

データセンターでは、仮想マシンの移動に対応するため、VXLANを使用して仮想的な拡張LANを実現できる

VXLAN利用時の注意点

- ネットワークのオーバーヘッドが増加するため、パフォーマンスに影響を与える可能性がある
- ネットワークの設計が複雑になるため、設計には十分な注意が必要
- 従来のVLANとは異なるため、ネットワーク機器の対応が必要
- スイッチやルータなどのネットワーク機器がVXLANに対応している必要がある

Point

⟋ VLANの制限を克服し、大規模仮想ネットワークを構築するための技術がVXLANで、クラウド環境などで利用されている

⟋ VXLANの利用には、専用のネットワーク機器や、複雑な設計を行うための十分な注意が必要になる

» コンテナ間ネットワーク

コンテナエンジンが実現するコンテナ間通信

コンテナエンジンは、コンテナを実行するためのソフトウェアであり、コンテナ間通信を実現するための機能を提供しています。

コンテナ間通信は、**コンテナ同士がネットワークを介して通信すること**を指します（図3-13）。コンテナエンジンで仮想ネットワークを作成し、コンテナ同士を接続します。仮想ネットワークは物理的なネットワークとは独立しており、コンテナ同士が仮想的なネットワーク上で通信できます。

コンテナエンジンは、コンテナ間通信を実現するために、IPアドレスやポート番号などのネットワーク情報を管理します。コンテナ同士が通信する際には、ネットワーク情報を使用して、通信先を特定します。**コンテナ同士が仮想的なネットワーク上で通信することで、アプリケーションの分散処理やスケーラビリティの向上など、さまざまなメリットがあります。**

コンテナ間や外部ネットワークとの接続

コンテナは、他のコンテナや外部ネットワークと接続できます（図3-14）。コンテナ同士が接続する場合、コンテナエンジンが提供する仮想ネットワークを使用して接続します。コンテナ同士が接続するためには、同じ仮想ネットワークに所属している必要があります。仮想ネットワークは、コンテナエンジンが提供するさまざまなネットワークドライバを使用して作成できます。

外部ネットワークと接続する場合、ホストマシンの物理的なネットワークインタフェースを使用して接続します。コンテナは、ホストマシンのネットワークインタフェースを共有できます。ネットワークインタフェースを共有することで、コンテナは、ホストマシンと同じネットワークに接続できます。また、コンテナエンジンは、ポートフォワーディングやNATなどの機能を提供して、コンテナと外部ネットワークの接続を管理できます。

図 3-13 **コンテナ間通信のイメージ**

コンテナ同士が通信する際には、ネットワーク
情報を使用して、通信先を特定する

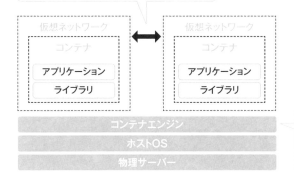

仮想ネットワーク ⟷ 仮想ネットワーク

コンテナ	コンテナ
アプリケーション	アプリケーション
ライブラリ	ライブラリ

コンテナエンジン

ホストOS

物理サーバー

IPアドレスや
ポート番号など
のネットワーク
情報を管理

図 3-14 **コンテナと外部ネットワークとの通信イメージ**

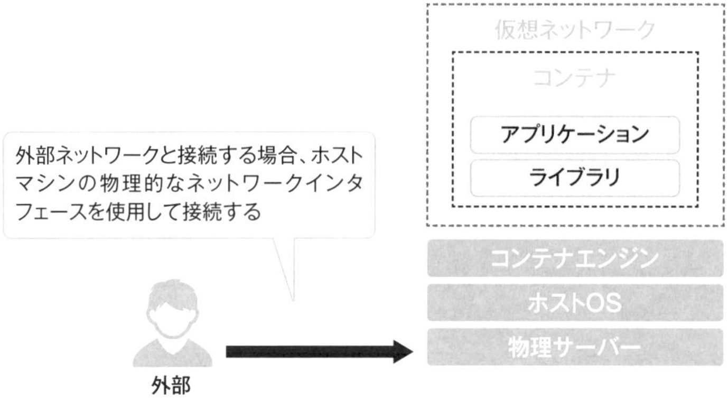

仮想ネットワーク

コンテナ

アプリケーション

ライブラリ

コンテナエンジン

ホストOS

物理サーバー

外部ネットワークと接続する場合、ホスト
マシンの物理的なネットワークインタ
フェースを使用して接続する

外部

- コンテナは、ホストマシンのネットワークインタフェースを共有できるため、ホス
トマシンと同じネットワークに接続できる
- コンテナエンジンは、ポートフォワーディングやNATなどの機能を提供して、コ
ンテナと外部ネットワークの接続を管理できる

Point

- コンテナ間通信とは、コンテナ同士がネットワークを介して通信すること
- コンテナ同士が仮想的なネットワーク上で通信することで、アプリケー
ションの分散処理やスケーラビリティ向上などのメリットが得られる
- コンテナはホストマシンを介して外部ネットワークとも接続ができる

やってみよう

SSL-VPN環境の構築にチャレンジしてみよう

　ネットワークの仮想化にもさまざまな目的や複数の方式がありました。その方式の1つであるSSL-VPNは、インターネットを介して安全にリモートアクセスを行うための技術で、複雑な設定なしに使用できます。

課題: 下記のステップでSSL-VPN環境を作ってみよう

❶**SSL-VPN対応のVPNルータの導入**: 初めにSSL-VPNをサポートするVPNルータをネットワークに導入します。

❷**VPNルータの設定**: VPNルータに対して、SSL-VPNの設定を行います。設定内容は、一般的にはSSL証明書のインストール、ユーザーアカウントの設定、接続許可の設定などです。

❸**SSL証明書の導入**: SSL-VPNでは、SSL証明書を用いて通信の暗号化と認証を行います。信頼できる認証局からSSL証明書を取得し、VPNルータにインストールします。

❹**クライアント側の設定**: SSL-VPNを利用するクライアント（PCやスマートフォンなど）に対して、VPN接続の設定を行います。一般的にはVPNのアドレス、ユーザー名、パスワードなどを設定します。

❺**接続テスト**: すべての設定が完了したら、実際にSSL-VPN接続を行います。問題がなければSSL-VPN環境の構築は完了です。

注意: 企業などのネットワーク環境は、当該組織のネットワーク管理者の許可が必要となるため、SSL-VPN環境の構築は自宅のネットワークや検証環境などで行ってください。具体的な設定方法は使用する機器やソフトウェアにより異なるため、各メーカーのマニュアルやサポート情報を参照しながら進めてください。また、セキュリティを確保するためにも定期的なアップデートやパッチの適用、設定の見直しを行うことが重要です。

ストレージの仮想化

～データの保管庫を効率よく使うしくみ～

第 **4** 章

» ストレージ仮想化の目的とメリット

ストレージ仮想化の目的やメリット

ストレージに関してもさまざまな仮想化技術があります。

ストレージ仮想化の最大の目的は、物理的な制約からの解放です。サーバーなどと同様に、仮想化をすることで物理的な制約から解放され、柔軟に利用できるようになります。

特にデータ量が爆発的に増えている昨今では、容量や性能面で物理的制約を受けずに済むことは大きなメリットといえるでしょう。仮想化によって、ストレージの追加・削除が容易になります。**物理ストレージを束ねて大きな1つの器として利用できるようになる**ことで、ストレージを無駄なく効率的に利用できるメリットもあります（図4-1）。

他にも仮想化によって得られるメリットとして、管理面で恩恵が受けられます。物理ストレージの場合には、ストレージ単位で管理をしていましたが、仮想化をして1つの仮想ストレージとして管理することで、複数のストレージをまとめて管理できます。詳細は**4-3**で解説しますが、仮想化をすることでデータが複数の物理ストレージに分散されて格納されます。複数の物理ストレージのうちの一部に障害が発生しても、スペアのストレージへ自動的に切り替わる技術を利用することによって、データの可用性も向上します（図4-2）。

どんな種類の仮想化がある？

ストレージの仮想化にはさまざまな方式があります。主要なストレージ仮想化方式については、次節以降で説明していきます。

- **RAID**
- **ファイルシステムデバイスの仮想化**
- **論理ボリューム、ダイナミックボリューム**
- **Ceph、vSAN**

図4-1　ストレージ仮想化の容量面や効率面でのメリット

容量面
効率面
仮想化前
500GB
1TB
物理ストレージ1本の容量を大きくすることで容量拡張を行っていた
600 GB
1TB
1TB
1TB
利用率60%、余りは400GB×3
束ねて2TBにできる
仮想化後
500GB
500GB
500GB
500GB
仮想化されたかたまりの中に物理ストレージを追加することで、全体の容量を拡張できるようになった
600 GB
500GB
500GB
500GB
500GB
利用率90%、余りは200GB

図4-2　ストレージ仮想化の管理面や可用性の面でのメリット

管理面
可用性の面
仮想化前
各物理ストレージを個別に管理する必要があった
1つの物理ストレージが破損するとデータが消失する
仮想化後
複製
仮想化して束ねたストレージを管理することで、複数のストレージをまとめて管理できるようになった
複数のストレージを複製して1つの仮想ストレージとすることで、1つの物理ストレージが破損してもデータが消失しない

Point

- ストレージの仮想化によって複数の物理ストレージを束ねることで、管理性や可用性がアップする
- ストレージの仮想化には複数の種類（方式）がある

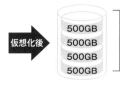

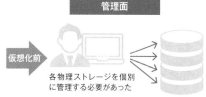

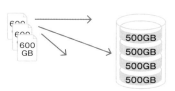

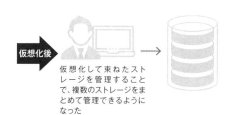

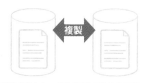

≫ ストレージ仮想化の種類と用途

ストレージ仮想化の使い分け方

ストレージの仮想化には、複数の種類（方式）があります。**利用者はそれらの中から正しい選択をして利用する必要があります。**

前節で挙げた主なストレージ仮想化方式に関して、それぞれの特長や実現する製品を説明します（図4-3）。

- ● RAID（**4-3**参照）

  複数の物理ストレージをまとめ、1つの論理的なストレージに見せます。RAID 0、RAID 1、RAID 10、RAID 5、RAID 6など、複数のパターンがあります。

- ● **ファイルシステムの仮想化**（**4-3**参照）

  RAIDが複数の物理ストレージを1つに見せるのに対して、**複数のファイルシステムを1つの論理的なファイルシステムに見せます。**

- ● **論理ボリューム**（**4-4**参照）

  Linuxシステムで使用できるストレージ仮想化方式で、LVM（**4-4**参照）で実現します。複数の物理ボリュームを1つの論理ボリュームとして見せます。

- ● **ダイナミックボリューム**（**4-4**参照）

  Windowsシステムで使用できるストレージ仮想化方式です。Windows上で複数の物理ボリュームを1つの論理ボリュームとして見せます。

- ● **Ceph**（**4-5**参照）

  オープンソースソフトウェアを用いたストレージ仮想化方式です。オブジェクトストレージに特化した分散ストレージシステムを提供します。

- ● **vSAN**（Virtual SAN・**4-5**参照）

  VMwareシステムで使用できるストレージ仮想化方式です。仮想マシンのストレージを仮想化して利用します。

まずはこれら主要なものを押さえましょう。次節から、さらに詳しく説明します。

図4-3 **ストレージ仮想化の方式**

仮想化方式	実現製品	主な特徴	イメージ
RAID	ハードウェア	複数の物理ストレージをまとめて1つの論理的なストレージに見せる 複数パターンあり	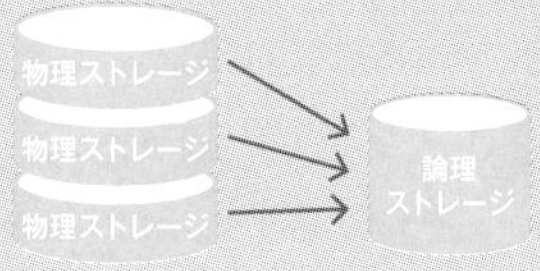 物理ストレージ／物理ストレージ／物理ストレージ → 論理ストレージ
ファイルシステムの仮想化	ストレージ管理ソフトウェア	複数のファイルシステムを1つの論理的なファイルシステムに見せる	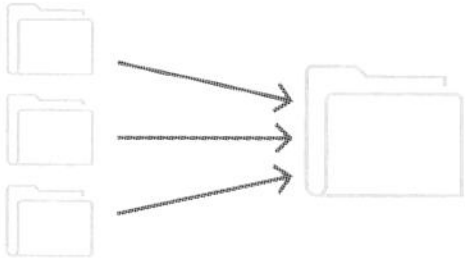
論理ボリューム	Linux	複数の物理ボリュームを1つの論理ボリュームに見せる	 物理ボリューム／物理ボリューム／物理ボリューム → Linux 論理ボリューム
ダイナミックボリューム	Windows	複数の物理ボリュームを1つの論理ボリュームに見せる	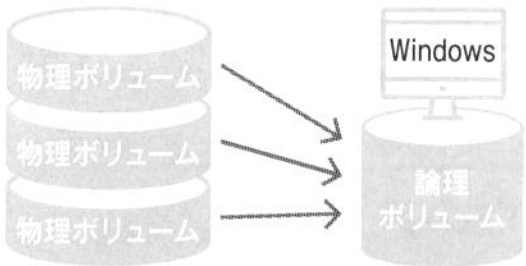 物理ボリューム／物理ボリューム／物理ボリューム → Windows 論理ボリューム
Ceph	Ceph	オブジェクトストレージに特化した分散ストレージシステムを提供する OSSを用いて実現する	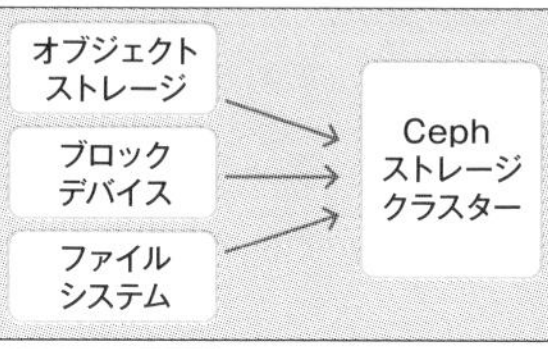 オブジェクトストレージ／ブロックデバイス／ファイルシステム → Cephストレージクラスター
vSAN	VMware	仮想マシンのストレージを仮想化する	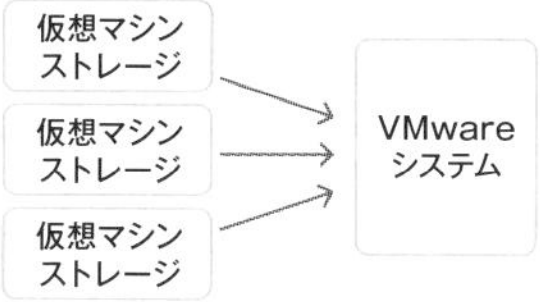 仮想マシンストレージ／仮想マシンストレージ／仮想マシンストレージ → VMwareシステム

Point

✎ 利用するOSやストレージのタイプによっても仮想化方式は変わる

✎ ストレージは、複数の物理ストレージをまとめるものや、複数のファイルシステムデバイスをまとめるものなど、さまざまなレイヤーで仮想化できる

» 物理ストレージの仮想化

複数の物理ストレージを束ねて1つに見せるRAID

RAIDには**複数のパターン**があります（図4-4）。

RAID 0は、ストライピングと呼ばれる技術によって、複数のストレージへデータが分散して格納されます。複数のストレージへI/O（読み書き）が分散されるため、1つの物理ストレージのみにI/Oを集中させて処理する場合と比べてデータの読み書きの性能が向上します。ただし、RAID 0では、構成するストレージの1本に障害が発生するとすべてのデータが消失してしまうリスクがあるため、注意が必要です。

RAID 1では、ミラーリングと呼ばれる技術で複数のストレージに同じデータが複製して格納され、信頼性向上が図れます。一方で、RAID 1では性能の向上は期待できません。これを解決するパターンとしてRAID 0とRAID 1のメリットを享受できるRAID 10があります。このパターンでは、複数のストレージをストライピングして、かつミラーリングします。

その他、RAID 5やRAID 6というパリティデータ方式を採用するパターンでは、まずストライピング技術によって複数ストレージにデータが分散して格納されます。さらに、「パリティ」と呼ばれる誤り訂正符号データを生成することで、構成するストレージの1つに障害が発生してもデータを再生成することが可能になっています。RAID 6は、そのパリティデータも二重に生成します。

ファイルシステムの仮想化

仮想化したストレージに対して**複数のサーバーから同時にアクセスすることを可能にする**のがファイルシステムの仮想化と呼ばれる技術です。

物理ストレージ上に複数のファイルシステムを生成することで、複数のファイルシステムを同時に利用できます（図4-5）。異なるファイルシステムを同時に利用することもできるため、異なるオペレーティングシステムやアプリケーション間でのデータ共有や移行が容易になります。

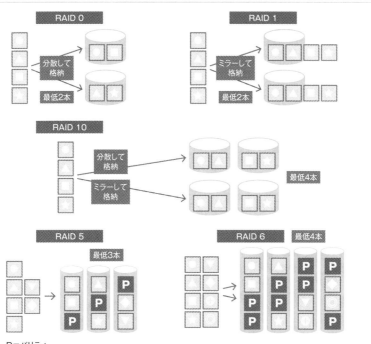

図4-4 さまざまなRAIDパターン

P＝パリティ

図4-5 ファイルシステムの仮想化のしくみ

1つのストレージ領域を異なる複数のサーバーから
アクセスして利用できる

Point

RAIDは複数のストレージを束ねて1つのストレージに見せる技術で、
複数のパターンがある

ファイルシステムの仮想化によって複数のサーバーからのアクセスも可
能になる

論理ボリュームを作る

複数のストレージをまとめて見せる

LVMとは、Logical Volume Managerの頭文字を取った略称で、Linuxなどの UNIX 系 OS で利用できるストレージ仮想化方式です。

複数のストレージやストレージ内に作ったパーティションを束ねて、論理的な1つのボリュームに見せる技術です。実態は**複数のストレージで構成**されていますが、利用者からは1つのパーティションとしてアクセスできます（図4-6）。

物理ストレージのサイズを超えたボリュームを作れることに加え、作成した論理ボリューム（LV）ごとに異なるファイルシステムでフォーマットをすることができます。また、論理ボリュームの容量は、システムを停止せず動的に増やしたり減らしたりすることができます。ボリューム同士をペアリングしてミラー（冗長化、バックアップ）を行う機能もあります。

ダイナミックディスクやダイナミックボリューム

ダイナミックディスクとは、Windows 2000で導入されたストレージ仮想化方式の1つです。以前からあるパーティション単位の管理方式はベーシックディスクと呼ばれます（図4-7）。

LVMと同様に、**複数のストレージで構成される**非連続の領域を1つの論理的なボリューム（ダイナミックボリューム）とする技術です。次のような**複数のタイプから選択できます。**

- **ミラーボリューム**……コピーを作成して信頼性を向上
- **ストライプボリューム**……複数ディスクにI/Oを分散させ性能向上
- **スパンボリューム**……2台以上のストレージを結合
- **RAID 5ボリューム**……データとパリティ領域でストライプを構成

図4-6 論理ボリュームの作り方

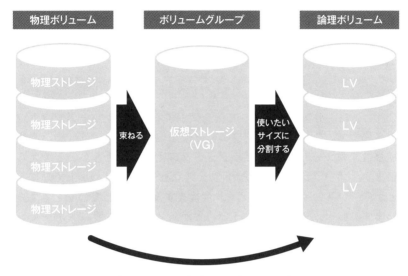

元の物理ボリュームよりも大きなボリュームを作成可能

図4-7 ベーシックディスクとダイナミックディスクの比較

	ベーシックディスク	ダイナミックディスク
メリット	・シンプルで扱いやすい ・パーティション単位で管理	・柔軟性が高い ・ボリューム単位で管理 ・複数のパーティションを組み合わせて1つのボリュームとして見せることが可能
デメリット	容量制限がある	ディスクタイプをベーシックディスクに変換する際には、ダイナミックディスク上のすべてのデータ削除が必要になる

⚠ **注意** ダイナミックディスクは非推奨。特別な要件がなければベーシックディスクを利用した方がよい

- LVM（UNIX系）もダイナミックボリューム（Windows系）も、複数のストレージで構成するストレージ仮想化の技術
- ダイナミックボリュームには目的用途に応じたタイプがある

複数ストレージの仮想化

複数ストレージをまとめて1つに見せるCeph

Cephとは、分散ストレージ技術を実現するオープンソースソフトウェアの名称です。Cephを用いて構築した仮想化ストレージは、高い信頼性と拡張性を備えられ、IoT・ビッグデータ時代との相性もよいと考えられています。オープンソースソフトウェアであり、かつLinux上で動作することから、コストメリットも高く、**今後ますます普及していく**と考えられています。Cephには、次のような特長があります。主要コンポーネントは図4-8を参照してください。

- **高い信頼性**……アルゴリズムでデータを配置するため構成変更時のデータ移動が少なく、パフォーマンス向上にも寄与する
- **多様なアクセスが可能**……オブジェクト単位、ブロック単位、ファイル単位でアクセスできる
- **高い拡張性**……アーキテクチャー上、1万台の装置やEB（エクサバイト）級の容量規模にスケールできる

データを複数ストレージに分散して格納するvSAN

vSANとは、VMwareで利用することのできるVirtual SAN方式のストレージ仮想化技術（ソフトウェア名称でもあります）です。一般的に、SDS（Software Defined Storage）と呼ばれているものに属します。複数のESXiサーバー装置に内蔵されたストレージ（SSDやHDD）を束ねて共用する方式のストレージ仮想化方式です（図4-9）。

他のストレージ仮想化方式と同様に、導入後のストレージ容量の拡張が可能です。そのため、最初は最小限のストレージ容量で始め、後から拡張するといったスモールスタートが可能です。また、vSANを導入することで、**外部ストレージ（複数サーバーで共用する外部データストア）が不要**になります。

図4-8

Cephの主要コンポーネント

コンポーネント	特 長
オブジェクト ストレージ	●大量のデータを効率的に保存するためのスケーラブルなストレージシステム ●オブジェクトはユニークなID（オブジェクトID）で識別され、オブジェクトサーバーに格納される ●オブジェクトサーバーはデータの冗長性と可用性を確保するために、複数のレプリカを作成する
ブロック ストレージ	●仮想マシンやデータベースなどのブロックデバイスを提供するためのストレージシステム ●ブロックデバイスは、ストレージクラスター内のオブジェクトとして保存される ●ブロックストレージは、RADOS（Reliable Autonomic Distributed Object Store）と呼ばれるCephのオブジェクトストレージシステムをもとにしている
ファイル システム	●POSIX互換のファイルシステムを提供するためのストレージシステム ●ファイルシステムは、Cephクラスター内のオブジェクトとして保存される ●ファイルシステムは、Cephのオブジェクトストレージとブロックストレージを組み合わせて構築されている

図4-9

vSANのアーキテクチャー

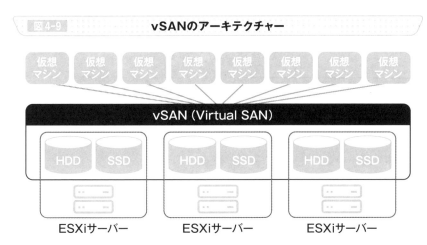

ESXiサーバー：仮想化ソフトウェア「VMware ESXi」を
搭載した仮想化基盤サーバーのこと

第4章
複数ストレージの仮想化

Point

✎ Cephは今後のビッグデータ時代において大いに普及していく可能性がある

✎ vSANを使うと外部ストレージが不要になる

やってみよう

RAIDレベルの使い分けをしてみよう

　ストレージの仮想化には、さまざまな技術やパターンがありました。例えばRAIDにも、**4-3**で説明した通り、複数の選択肢がありました。利用者は、システム要件に応じたRAIDレベルを選択して構成する必要があります。

　下記にいくつかのシステム要件例を挙げたので、それぞれどのRAIDレベルが最適かを考えてみましょう。

要件

> ❶ストレージ容量の効率的な利用が求められる
> ❷データの完全性や高い冗長性が求められる
> ❸データアクセスの高いパフォーマンスが求められる
> ❹データの冗長性と高いパフォーマンスの両方が求められる

実現方式

> **RAID 0**……要件 ［　］ の実現に最適
> **RAID 1**……要件 ［　］ の実現に最適
> **RAID 10**……要件 ［　］ の実現に最適
> **RAID 5/6**……要件 ［　］ の実現に最適

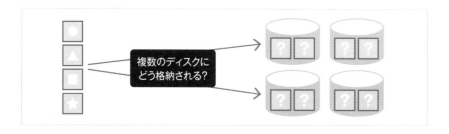

　システムを設計する作業は、上記のように要件を確認して、それに最適な実現方式を選択する作業でもあります。

デスクトップの仮想化

～作業環境を集約し安全に効率的に使う～

第 **5** 章

» デスクトップ仮想化の種類と用途

デスクトップ環境の物理と仮想とは？

　デスクトップ環境、すなわちPC環境というと、利用者の机の上などに処理を行う装置（パーソナルコンピュータ端末、以下PC端末）が置かれ、その装置の中にCPUやメモリなどがある形態が思い浮かぶでしょう。

　1台のPC端末を複数名で共用し、交代で利用するケースもありますが、最近では基本的に1人1台、専用のPC端末を利用しています。1人1人が自分の目の前にあるPC端末を利用している環境を物理とすると、デスクトップ仮想化とは、いったい何を仮想化するのでしょうか。

　デスクトップ仮想化とは、**1台の物理的なコンピュータ上に複数の仮想的なデスクトップ環境を作り出す技術**で、ネットワークを介して、複数の利用者が同時にアクセスして必要な作業を行うことができます（図5-1）。具体的には、**物理的なコンピュータ上に複数の仮想マシンを作成**し、それぞれの仮想マシン上に必要なソフトウェア・アプリケーションをインストールし、利用者は自分専用の仮想マシン（仮想デスクトップ）にアクセスする方式です。

デスクトップ仮想化の種類

　デスクトップ仮想化にはいくつかの形態（種類）があります（図5-2）。ホスト型と呼ばれる形態では、物理的なコンピュータ上に仮想マシンを作成し、それぞれの仮想マシンに必要なソフトウェア・アプリケーションをインストールして使います。VMware、VirtualBoxなどが有名です。また、これらをクラウド上に構築する場合にはクラウド型と呼んだりします。

　デスクトップ配信型と呼ばれる形態は、仮想のデスクトップ画像を利用者へ配信する方法です。代表的なものに、Citrix Virtual Apps and DesktopsやVMware Horizonがあります。

　アプリケーションを仮想化する方法もあります。これについては、**5-6**で詳しく解説します。

図 5-1　デスクトップの物理環境と仮想化環境の違い

デスクトップの物理環境

- 個々にPC端末が割り当てられる
- 各PC端末上でOSやアプリケーションを実行する

デスクトップの仮想化環境

- 個々にデスクトップ環境へ接続するためのPC端末が割り当てられる
- OSやアプリケーションを実行する基盤は、ネットワーク上のデスクトップ仮想化基盤上にあり、各PC端末からはネットワーク経由で接続してデスクトップ環境を利用する

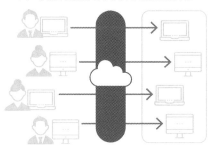

図 5-2　主要なデスクトップ仮想化の形態

デスクトップ 仮想化の種類	特　長	実現イメージ
ホスト型	物理的なコンピュータ上に仮想マシンを作成する	仮想化デスクトップ 仮想化デスクトップ 仮想化デスクトップ / 仮想化ソフトウェア / OS / 物理マシン
デスクトップ 配信型	仮想のデスクトップ画像を利用者の端末に配信する	●センターで処理 ●デスクトップの画像イメージのみを手元の端末に配信
アプリケーション 仮想化	OSは1つで、その上で動作するアプリケーションを仮想化して使用する	仮想化アプリケーション 仮想化アプリケーション 仮想化アプリケーション / OS / 物理マシン

Point

- ✎ デスクトップ環境の仮想化によって、1台の物理的なコンピュータ上に複数の仮想的なデスクトップ環境を作り出せる
- ✎ 物理的なコンピュータ上に複数の仮想マシンを作って実現するのが一般的
- ✎ デスクトップを仮想化する方式にはいくつかのタイプがある

デスクトップ仮想化①
VDI方式、SBC方式

複数のデスクトップ環境を1台のコンピュータ上で実行する方式

VDIとは、Virtual Desktop Infrastructureの略です。その訳の通り、仮想デスクトップ基盤の意味となります。

VDIでは、**複数の仮想デスクトップ環境を1台の物理コンピュータ上で実行できます**。利用者は仮想デスクトップ環境に自分自身が保有するデバイス（シンクライアント端末などと呼ばれます）から、ネットワーク経由で必要なソフトウェアやアプリケーション、データにアクセスして利用できます（図5-3）。

後述するSBC方式と異なり、**利用者ごとに個別に割り当てられたOSを利用できます。**

VDI方式は、物理環境を統合することによるコスト削減効果や、センター側でソフトウェアやアプリケーションを集中管理できることから、管理面でのメリットがあります。また、データをセンター配置することによってセキュリティ面でのメリットもあるので、企業や教育機関などで多く採用されています。

1つのOSを複数の利用者で共用する方式

VDI方式は、利用者ごとにOS環境を独立させられる方式でした。一方、SBC（Server Based Computing）方式は、**1つのOSを複数の利用者で共用する方式**となります。1台のPCを複数の利用者でアカウント分割して利用する環境をイメージしてください（図5-4）。

SBC方式は、別名リモートデスクトップ方式とも呼ばれていました。こちらの名称の方がなじみのある方も多いかもしれません。VDI方式と比べて管理面やコスト面でのメリットが高い場合もありますが、最近は利用シーンが減ってきています。特定業務を複数名で交代して実施する処理があるような場合には、こちらの方式もよく利用されていました。

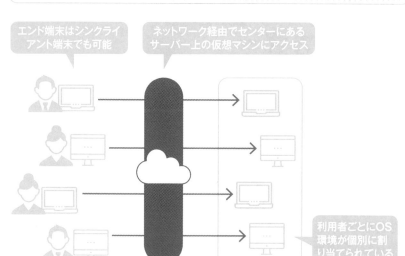

図5-3　**VDI方式のしくみ**

エンド端末はシンクライアント端末でも可能

ネットワーク経由でセンターにあるサーバー上の仮想マシンにアクセス

利用者ごとにOS環境が個別に割り当てられている

第5章 デスクトップ仮想化――VDI方式、SBC方式

図5-4　**SBC方式のしくみ**

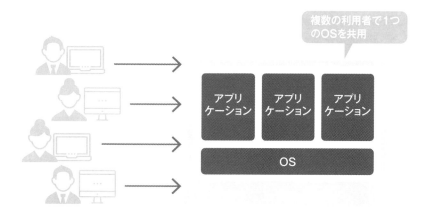

複数の利用者で1つのOSを共用

アプリケーション　アプリケーション　アプリケーション

OS

Point

✓ VDI方式は仮想マシンを複数作成してそれぞれにOSをインストールして利用するため、利用者ごとにOS環境を分けられる

✓ SBC方式は、1つのOSを複数の利用者（アカウント）で共用する

デスクトップ仮想化②
DaaS方式

デスクトップ仮想化環境をサービスとして提供する方式

DaaSとは、Desktop as a Serviceの略です。デスクトップ環境がサービスとして提供される形態のことを指します。サービスを利用する形となるため、利用する企業や団体は、自社でホストサーバーなどを構築する必要がなく、運用や管理のわずらわしさから解放されます（図5-5）。

DaaSはクラウド型で提供されます。利用者はDaaSクラウドに対して、自分自身のデバイスからネットワーク経由で接続し、専用の仮想マシンを利用します。接続するためのデバイスは、他の方式と同様に利用者側で用意する必要があります。また、サービス提供者が定める仕様によって、オンプレミス（データセンター型を含む）と比較して、カスタマイズの柔軟性が劣る場合があります。**5-4**で解説する注意ポイントも考慮して、適切なサービスプロバイダを選定する必要があります。

国内のDaaS市場は活況で、2022年の売上は1,000億円を超えています。最近ではパブリッククラウドを利用したサービスも増えています。DaaSを提供する国内有力ベンダーのシェアは、1位がNTTデータ、2位が富士通、次いで日鉄ソリューションズ、NEC、IIJと続きます。

VDI方式とDaaS方式は提供方法が異なる

ここまでに、いくつかのデスクトップ仮想化方式を確認してきました。ここでは、特に混同しがちな、VDI方式とDaaS方式の違いについて説明します（図5-6）。いずれもデスクトップ仮想化の方式ですが、最大の違いはその提供方法（構築方法）です。VDI方式は各企業が自社資産としてデスクトップ仮想化の環境を構築します。いわゆる**オンプレミス（データセンター型を含む）**の形態をとります。それに対して、DaaS方式は前述のようにデスクトップ仮想化の環境がサービスとして提供されます。いわゆるクラウドの形態をとります。クラウドのメリット・デメリットがあるので、企業は要件によって選択が必要です。

図5-5　DaaS方式のしくみ

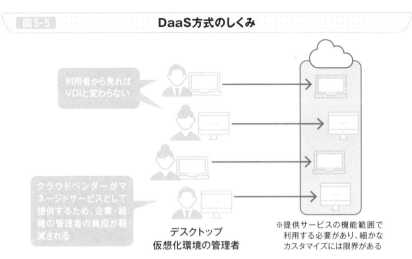

利用者から見れば
VDIと変わらない

クラウドベンダーがマ
ネージドサービスとして
提供するため、企業・組
織の管理者の負担が軽
減される

デスクトップ
仮想化環境の管理者

※提供サービスの機能範囲で
利用する必要があり、細かな
カスタマイズには限界がある

図5-6　VDI方式とDaaS方式の違い

VDI
- デスクトップ仮想化環境を自社専用に
  構築して運用する
- サーバーの置き場所はベンダーが提供
  するデータセンターなどの場合も多い

DaaS
- デスクトップ仮想化環境を提供するクラ
  ウドベンダーのサービスを利用する
- サーバーの置き場所など詳細な仕様は
  原則公開されていない

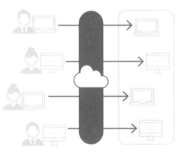

データセンター
（自社専用環境）

（不特定多数）

クラウドサービス
（他社もサービスを利用）

Point

🖉 DaaS方式はクラウドサービスの形態で提供されるデスクトップ仮想化
技術

🖉 VDI方式はオンプレミス・データセンター型で提供されるデスクトップ
仮想化方式

デスクトップ仮想化の注意ポイント

セキュリティ面におけるデスクトップ仮想化の注意ポイント

　デスクトップ仮想化環境を利用する際には、さまざまな観点でセキュリティに留意し、**適宜強化のための対策を施す必要があります**（図5-7）。

　まず、デスクトップ仮想化環境を提供する大本となるホストサーバーは、ここが被害を受けると全滅となってしまうため、セキュリティアタックへの対策が必須です。ホストサーバーに対しては、不要なサービスの停止をすることや、アンチウイルスソフトなどのセキュリティ対策製品の導入、常時最新のセキュリティパッチを適用する運用などが必要です。

　また、ホストサーバー上に格納されるデータの保護も重要です。万が一の漏えい時に備えた暗号化や、定期的なバックアップなどといった対策が必要です。他にも、しかるべき利用者に対してのみアクセスを許可するアクセス権限設定や、利用者の端末とセンターにあるホストサーバーとの間のネットワークセキュリティも忘れてはいけないセキュリティ対策の1つです。

性能面におけるデスクトップ仮想化の注意ポイント

　デスクトップ仮想化環境を快適に利用するためには、性能面での考慮も重要です（図5-8）。ホストサーバー側では、複数の仮想マシンが稼働することを考慮して、**十分なリソースを確保する**必要があります。CPUスペック、メモリ容量、さらにはストレージ容量・スループット・IOPSに関しても、十分なパフォーマンスを確保する必要があります。

　セキュリティ面の対策ポイントと同様に忘れてはいけないのが、ネットワークです。デスクトップ仮想化環境の利用者はリモートからネットワークを介してホストサーバーにアクセスするため、ここがボトルネックにならないよう、**ネットワーク帯域は十分に確保する**必要があります。

　無尽蔵にリソースを増やすと、コストも増大します。場合によっては接続数制限を設けるなど、運用で対策します。

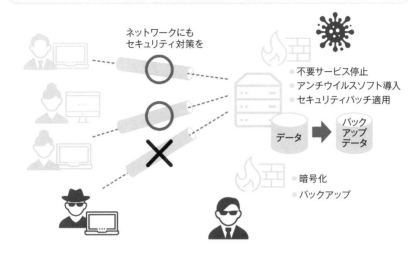

図 5-7　デスクトップ仮想化環境のセキュリティ対策

ネットワークにも
セキュリティ対策を

不要サービス停止
アンチウイルスソフト導入
セキュリティパッチ適用

データ　→　バックアップデータ

暗号化
バックアップ

図 5-8　デスクトップ仮想化環境の性能対策

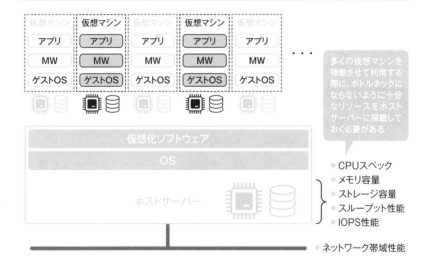

| 仮想マシン | 仮想マシン | 仮想マシン | 仮想マシン | 仮想マシン |

アプリ／MW／ゲストOS

多くの仮想マシンを稼働させて利用する際に、ボトルネックにならないように十分なリソースをホストサーバーに搭載しておく必要がある

仮想化ソフトウェア
OS
ホストサーバー

CPUスペック
メモリ容量
ストレージ容量
スループット性能
IOPS性能

ネットワーク帯域性能

Point

デスクトップ仮想化環境を安全に運用するために、セキュリティ面でさまざまな注意を払う必要がある

快適に利用するためには、リソース量やネットワーク帯域の考慮が必要

» デスクトップ仮想化の使い方

デスクトップ仮想化環境の利用を始めるには？

デスクトップ仮想化環境を利用するための流れを説明します（図5-9）。最初に行うのは、ハイパーバイザーと呼ばれるソフトウェアのインストールです。**ハイパーバイザーソフトウェアは仮想化環境の各種制御を担います。**ハイパーバイザーを物理マシンにインストールしたら、その上に仮想マシンを作成します。仮想マシンには必要なリソースを割り当てます。仮想マシンは物理的な1つのマシン上に、複数の独立した環境を作り出せます。この仮想マシンに対しては、必要なオペレーティングシステムやアプリケーションをインストールします。

続いて仮想マシンの起動です。利用者が仮想デスクトップ環境へアクセスすると、**ハイパーバイザーは仮想マシンを起動します。**その後、利用者は、自身専用の仮想デスクトップ環境にログインできるようになります。

デスクトップ仮想化環境のリソース割当とデータ保護

デスクトップ仮想化環境を利用する際に考慮が必要な事項として、リソースの割当とデータ保護についても説明しておきます。

まず、リソースの割当です。前述の通り、ハイパーバイザーは物理マシンが持つCPUやメモリなどのリソースを仮想マシンに割り当てます。ハイパーバイザーがこのリソースの割当を最適にコントロールすることで、1台の物理マシン上で、複数の処理を同時に実行できるようになります。

また、**仮想マシンは、物理マシンとは独立した環境で動作をするため、データ保護の観点でも強化が期待できます**（図5-10）。万が一、1台の仮想マシンがウイルスなどに感染してしまった場合でも、その仮想マシン環境は独立しているため、物理マシン全体へ影響を与えることはありません。ユーザーデータの破損に関しても、仮想マシン1台上のデータが破損した場合に他の仮想マシンへ影響を与えることはありません。

図5-9 デスクトップ仮想化を使い始めるまでの環境構築の流れ

図5-10 仮想デスクトップの独立性

Point

/ デスクトップ仮想化は、ハイパーバイザーと呼ばれる仮想化を制御する
ためのソフトウェアを導入して管理する方式が一般的

/ ハイパーバイザーは仮想マシンの起動やリソース割当機能を有する

/ 仮想マシンは、物理マシンとは独立した環境で動作をするため、データ
保護の観点でも強化が期待できる

デスクトップやアプリケーションを仮想化するメリット

デスクトップ環境を仮想化するメリット

デスクトップ環境を仮想化することで、次のように**多くのメリットが得られます**（図5-11）。

- 複数の環境を1台のコンピュータに集約できる
- 複数の利用者が同時に作業できるため、利用効率が高まる
- 集約して利用効率が高まることでコスト削減効果が期待できる
- リモートストレージを利用するためセキュリティ対策が可能
- 万が一PC紛失時に情報の流出（漏えい）といったリスクが低減

このようなメリットがありますが、正しい使い方をしていることが大前提です。また、例えばセキュリティに関しても、故意による情報持出や、ルールを守らずに利用した場合には、その対策は難しいので注意が必要です。なお、利用者は自分専用の仮想デスクトップにアクセスして、自身の作業環境を自由にカスタマイズすることも可能です。

アプリケーションの仮想化とメリット

デスクトップ仮想化がOS以上のレイヤーを仮想化して利用するのに対し、アプリケーションの仮想化では、**アプリケーション単体を仮想化して利用します。**この方式では個々のOSに対して、アプリケーションをそれぞれインストールすることはしません。そのため、アプリケーションをセンター集中型で一元的に管理することが可能です。

ストリーミング型という方式では、アプリケーションの動作に必要となるファイルの一式をパッケージングしてサーバーから配信します。この方式では、オフラインでの利用も可能となります。一方RDSH型という方式では、センターサーバー上のアプリケーションを複数名で共用します。こちらはオンライン状態であることが必須です（図5-12）。

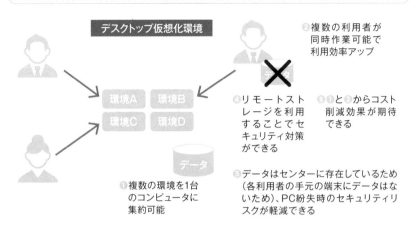

図5-11 デスクトップ環境の仮想化にはメリットが多い

デスクトップ仮想化環境

❷複数の利用者が
同時作業可能で
利用効率アップ

❹リモートスト
レージを利用
することでセ
キュリティ対策
ができる

❸❶と❷からコスト
削減効果が期待
できる

❶複数の環境を1台
のコンピュータに
集約可能

❺データはセンターに存在しているため
(各利用者の手元の端末にデータはな
いため)、PC紛失時のセキュリティリ
スクが軽減できる

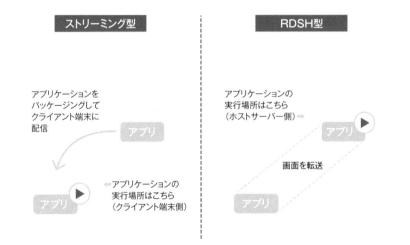

図5-12 アプリケーション仮想化のストリーミング型とRDSH型

ストリーミング型

アプリケーションを
パッケージングして
クライアント端末に
配信

アプリケーションの
実行場所はこちら
(クライアント端末側)

RDSH型

アプリケーションの
実行場所はこちら
(ホストサーバー側)➡

画面を転送

Point

∥ デスクトップ仮想化を導入すると、コスト面やセキュリティ面、運用面
でメリットがある

∥ アプリケーションを仮想化して利用する方式も存在する

∥ アプリケーションの仮想化には、ストリーミング型とRDSH型がある

やってみよう

デスクトップ仮想化の環境を利用してみよう

5-1では、デスクトップ仮想化のために使われるいくつかの製品を紹介しました。VMware Horizonはその1つです。VMware Horizonにはクラウド型で利用できるクラウド版（VMware Horizon Cloud）があります。オンプレミス版よりも比較的手軽に利用を開始できます。どのようなサービスかをイメージするために、VMware Horizon Cloudのトライアル利用をするのも有効な手段です。

VMware Horizon Cloudを試す手順はおおよそ次のようになります。詳細な手順は、公式ドキュメントやサイト情報を参照してください。

トライアル利用の流れ

❶ VMwareの公式Webサイトにアクセスする。VMwareアカウントを作成して、VMware Horizon Cloudのトライアル版を申し込む

❷ 申込完了後、トライアル版のアクセス情報を受信する。このアクセス情報を使って、VMware Horizon Cloud管理ポータルへログインする

❸ ログイン後、VMware Horizon Cloud管理ポータルで仮想デスクトップやアプリケーション配信設定、およびユーザーアカウントやセキュリティポリシーなどの設定を行う

❹ 仮想デスクトップやアプリケーション配信などの設定後、利用者側からアクセス（VMware Horizon Clientをダウンロードし、クライアントアプリケーションから仮想デスクトップやアプリケーションに接続）してトライアル利用する

仮想化による効用

～クラウド環境で提供される仮想化サービス～

第 **6** 章

≫ クラウド上のサーバー仮想化

クラウドで提供されるサーバーの種類

クラウドで提供されるサーバーは、主に次の種類に分類できます（図6-1）。

1つ目は仮想サーバーです。物理マシン上で仮想化技術によって稼働する仮想的なサーバーです。高パフォーマンス型、GPU型、メモリ最適化型、ストレージ最適化型などがあります（例：Amazon EC2、Azure Virtual Machines、GCP Compute Engine）。

2つ目はコンテナです。アプリケーションとその依存関係を含む独立した実行環境です。マイクロサービスの実行に適しています（例：Amazon ECS）。

最後はサーバーレスコンピューティングです。イベント駆動型のコード実行環境です。バッチジョブやタスク自動化によく利用されています（例：Amazon Lambda）。

クラウドで提供される仮想サーバーの特徴

従来オンプレミスで提供される仮想サーバーと比べて、クラウドで提供される仮想サーバーには次の特徴があります（図6-2）。

まずは、配置場所と管理です。クラウドで提供される仮想サーバーはクラウドベンダーのデータセンターで管理されるため、利用者側は**ハードウェアの設置・運用・保守への考慮が不要**で、どこからでもサーバーにアクセスして利用できます。

次はコストです。**利用した分だけ課金される**ため、利用不要なときはサーバーを停止するなどコストを抑えることができます。

そして、拡張性と柔軟性です。コンソール上でクリックするだけで、仮想サーバーのスペックを変更したり、台数を増加・減少したり、**必要に応じて柔軟にスケーリングできます**。ただし、利用制限を確認する必要があります。

最後に、セキュリティです。ゲストOS、アプリケーションやデータのセキュリティは利用者側で管理する必要がありますが、**ハードウェアなどのセキュリティ管理は基本的にベンダー側から提供**されています。

図6-1 **クラウド仮想サーバーの種類**

仮想サーバー	コンテナ	サーバーレス コンピューティング

仮想化された 物理マシン	独立したアプリケーション 実行環境	イベント駆動型の コード実行環境
高パフォーマンス型、 GPU型、メモリ最適化型、 ストレージ最適化型あり	マイクロサービスの 実行に適している	バッチジョブや タスク自動化に適している

Amazon EC2	Amazon ECS	Amazon Lambda

図6-2 **クラウド仮想サーバーを利用するメリット**

クラウドベンダーの データセンターで管理されるため、利用者側でのハードウェアの設置・運用・保守が不要	従量課金されるため、コストを抑えられる	必要に応じてスケーリングが可能 ※サービスクォータを確認する必要がある	どこからでもインターネットを経由してサーバーへアクセスできる	基本的なセキュリティ管理はクラウドベンダー側で提供される ※ゲストOS、アプリケーションやデータのセキュリティは利用者側で管理する必要がある

第**6**章

クラウド上のサーバー仮想化

Point

- クラウドプロバイダが仮想サーバー、コンテナ、サーバーレスコンピューティングなどの多様なサーバーサービスを提供している
- クラウドで提供される仮想サーバーを利用する際にはハードウェアの設置・運用・保守が不要で、利用した分だけ課金され、必要に応じてスケーリングが可能である
- ハードウェアなどのセキュリティ管理は基本的にベンダー側から提供される

≫ クラウド上のネットワーク仮想化

クラウドで提供されるネットワークの種類と特徴

クラウドプロバイダが一般的に提供しているネットワークには、次の種類があります（図6-3）。

まずは、プライベートネットワークです。ユーザー専用のセキュアな仮想ネットワーク環境で、リソースを分離してセグメント化できます。外部公開できない秘密度の高いデータなど、セキュリティとプライバシーを重視する環境の場合に利用されています。

次に、パブリックネットワークです。インターネットからアクセス可能なネットワークです。インターネット公開が必要なWebサイトなどに利用されています。

そして、マルチクラウドネットワークがあります。複数のクラウドプロバイダのネットワークを統合し、リソースやアプリケーションを動かすための一貫した接続を提供したネットワークです。

最後はハイブリッドクラウドネットワークです。オンプレミスとクラウド環境を接続するネットワークです。

これら以外に、グローバルなコンテンツ配信を提供するネットワークもあります。コンテンツを最も近いエッジロケーションで配信することで配信を高速化できます。

クラウドで提供されるネットワーク利用時の注意点

クラウドプロバイダはセキュリティ対策を実施していますが、**データやアプリケーションのセキュリティは利用者側で管理する必要があります。**適切なネットワーク制御、通信暗号化やネットワーク監視も必要です。クラウドネットワークはインターネットを通じてアクセスされるため、ネットワーク帯域幅や遅延が影響する場合があるため、注意が必要です。**IPアドレスなどの利用制限もあるため、事前確認した上で設計すること**が重要です（図6-4）。

図6-3

クラウドネットワークの種類と特徴

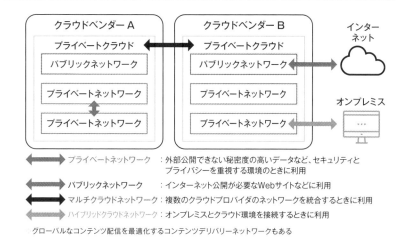

	プライベートネットワーク	：外部公開できない秘密度の高いデータなど、セキュリティと プライバシーを重視する環境のときに利用
	パブリックネットワーク	：インターネット公開が必要なWebサイトなどに利用
	マルチクラウドネットワーク	：複数のクラウドプロバイダのネットワークを統合するときに利用
	ハイブリッドクラウドネットワーク	：オンプレミスとクラウド環境を接続するときに利用

グローバルなコンテンツ配信を最適化するコンテンツデリバリーネットワークもある

図6-4

クラウドネットワークの利用時の注意点

利用者側管理
- 必要なネットワーク制御、監視、通信暗号化
- データやアプリケーションのセキュリティ

利用制限
- ネットワーク帯域幅に制限がある
- IPアドレスの利用に制限がある
- ※サービスクォータを確認する必要がある

Point

 クラウドプロバイダはプライベートネットワーク、パブリックネットワーク、マルチクラウドネットワーク、ハイブリッドクラウドネットワークなどの多様なネットワークサービスを提供しており、システム特性に合った構成を柔軟に構築可能である

 クラウドでネットワークを構成する際に、利用者側でセキュリティ対策を実施し、利用制限を確認する必要がある

クラウド上のストレージ仮想化

クラウドで提供されるストレージの種類と特徴

従来のオンプレミスで提供される仮想ストレージは自社のデータセンターにデータが保管されているため、ハードウェアの保守や管理が必要です。そして、ストレージを拡張する際には新しいハードウェアを導入したり、既存のハードウェアをアップグレードしたりする必要があります。そのため、ハードウェアの初期導入や保守運用などのコストが発生しています。それに対して、クラウドで提供される仮想ストレージには、デバイス管理不要、従量課金、スケーリング対応、インターネットを経由したアクセス、基本的なセキュリティ管理が不要といった特徴があります。

クラウドで提供される仮想ストレージにはオブジェクト型、ブロック型、ファイル型があります（図6-5）。オブジェクト型は非構造のため、大容量のデータの長期保存やバックアップを目的とした用途に適しています。ブロック型はデータを固定サイズのブロック単位で保存し、直接アクセス可能なストレージです。通常は仮想サーバーに接続して使用されます。ファイル型はネットワーク越しにサーバーにファイルを保存・アクセスできるため、複数の仮想サーバーから同時にアクセス可能です。

クラウドで提供されるストレージ利用時の注意点

クラウドベンダーが基本的なセキュリティ対策を実施していますが、**データの暗号化、アクセス制御、認証については利用者側で管理する**必要があります（図6-6）。障害時の対策としては、複数のリージョンやデータセンターでデータを保存するなど、**データの冗長性と可用性を向上させる構造への考慮**も必要です。さらに、予期せぬ料金増加を避けるために、データのアップロード、ダウンロード、転送に関わる料金を把握してコスト管理を行う必要があります。最後に、ストレージには容量やリクエスト数の制限があるため、事前確認が必要です。

図6-5　クラウドにおける仮想ストレージの種類と特徴

オブジェクト型
大容量のデータの長期保存や
バックアップに利用可能

ブロック型
仮想サーバーに接続可能

ファイル型
複数の仮想サーバーから
同時にアクセス可能

仮想ストレージの特徴

| インターネットを経由したアクセスが可能 | 従量課金 | スケーリング対応 | デバイス管理不要 | 基本的なセキュリティ管理不要 |

図6-6　クラウドにおける仮想ストレージの利用者の管理範囲

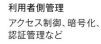

利用者側管理
アクセス制御、暗号化、認証管理など

利用者側管理
データの冗長性と可用性を向上させる構成への考慮

利用者側管理
データのアップロード、ダウンロード、転送に関わる料金の管理

利用者側管理
容量やリクエスト数の制限の確認

Point

- クラウドベンダーがオブジェクト型、ブロック型、ファイル型のストレージサービスを提供している
- クラウドストレージを利用するときに、データの特性、用途、セキュリティ対策や可用性などを考慮する必要がある

クラウド上のデータベース 仮想化

クラウドでのデータベースの種類

　従来のオンプレミスで提供される仮想データベースは自社のデータセンターで保管されているため、データベースに物理的なアクセスを行う必要があり、ハードウェアの保守や管理が必要です。そして、データベースの拡張・保守に新しいハードウェアの導入や既存ハードウェアのアップグレードが必要です。そのため、ハードウェアの初期導入や保守運用などのコストが発生しています。

　従来のオンプレミスで提供される仮想データベースと比較して、クラウドで提供される仮想データベースには、インターネットを経由したアクセス、従量課金、スケーリング対応、データベースサーバーと仮想ソフトウェアの管理が不要、基本的なセキュリティ管理が不要といった特徴があります。**クラウドで提供されるデータベースは主に、リレーショナル型、NoSQL型、インメモリ型といった種類があります**（図6-7）。データの整合性を重視する場合はリレーショナル型、スケーラビリティや柔軟性が求められる場合はNoSQL型、リアルタイム分析にはインメモリ型を利用します。**用途に合わせて適したデータベースを利用することが重要です。**

クラウド上のデータベース利用時の注意点

　クラウドベンダーで基本的なセキュリティ管理を行っていますが、利用者側で**アクセス権限**や管理ポリシーを適切に設定することが必要です。そして、障害時対策として、データベースの冗長性と可用性を考慮した構成の設計が重要です。データベースが新しいバージョンにアップデートされる際に、アプリケーションやクエリが正しく動作しない場合もあるため、**アップデートされるたびにテストすること**が推奨されます。最後に、オンプレミスからクラウドへ移行する際に、**データの移行プロセスやデータベース間の互換性**を確認し、データ損失や**障害時の復旧策**を考えることも必要です（図6-8）。

図6-7 **クラウドにおける仮想データベースの種類**

リレーショナル型	NoSQL型	インメモリ型
データの整合性重視	スケーラビリティや 柔軟性重視	リアルタイム分析重視

仮想ストレージの特徴

インターネットを経由 したアクセスが可能	従量課金	スケーリング 対応	サーバー・仮想ソフト ウェアの管理不要	基本的な セキュリティ管理不要

図6-8 **クラウドにおける仮想データベースの利用時の注意点**

利用者側管理	利用者側管理	利用者側管理	利用者側管理
アクセス制御など	データの冗長性と可用 性を向上させる構成へ の考慮	アップデートするたび に、アプリケーション やクエリが正しく動作 するかテストする必要 がある	移行プロセスや データベース間 の互換性を確認 し、データ損失 や障害時の復 旧策を考える 必要がある

Point

- クラウドで提供されるデータベースには、リレーショナル型、NoSQL型、インメモリ型などの多様な種類があり、要件に合ったデータベースを選択する必要がある
- クラウドデータベースを利用する際に、アクセス権限、アップデート時のテスト、移行時のプロセス、データベース間の互換性、障害時の復旧策などへの考慮が必要である

》 サーバーレス環境の特徴と種類

クラウドで提供されるサーバーレス環境の特徴

　サーバーを用意してアプリケーションをデプロイする従来のアプローチとは異なり、サーバーレスのアプローチでは、**サーバーなどのインフラ機器はクラウドプロバイダで管理されるため、開発者はアプリケーション開発に集中できます**。サーバーレス環境には、自動スケーリング対応、従量課金、イベント駆動などの特徴があります（図6-9）。

クラウドで提供されるサーバーレスサービスの種類

　クラウドで提供されているサーバー管理レスサービスには、主に次の種類があります（図6-10）。

　まずは、サーバーレスコンピューティングです。サーバーの管理やプロビジョニングを開発者から隠し、イベント駆動でコードを実行できるサービスです（例：AWS Lambda、Azure Functions）。

　次に、サーバーレスストレージです。スケーリングや冗長性の管理がクラウドプロバイダによって自動的に行われるストレージサービスです（例：AWS S3やAzure Blob Storageなど）。

　そして、サーバーレスデータベースがあります。自動スケーリングおよび管理レスのデータベースサービスです（例：AWS Aurora Serverless）。

　また、サーバーレスデータ処理があります。開発者がデータ処理のフローを定義して処理タスクを実行できるデータ処理サービスです（例：AWS Step Functions）。

　最後は、サーバーレスAPIゲートウェイです。APIの認証、モニタリング、保護を行う機能を提供するサービスです（例：AWS API Gateway）。

　上記のサーバーレスサービスを利用する際に、最大実行時間や同時実行数などの制限事項を事前に確認した上で設計する必要があります。そして、サーバー管理レスサービスの利便性が高い一方で、**アクセス制御や認証などのセキュリティ管理がより重要であることを意識する**必要があります。

図6-9 クラウドにおける仮想サーバーレス環境の特徴

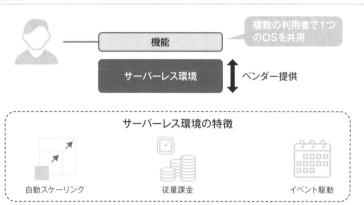

複数の利用者で1つのOSを共用
機能
サーバーレス環境
ベンダー提供
サーバーレス環境の特徴
自動スケーリング
従量課金
イベント駆動

図6-10 クラウドにおけるサーバー管理レスサービスの種類

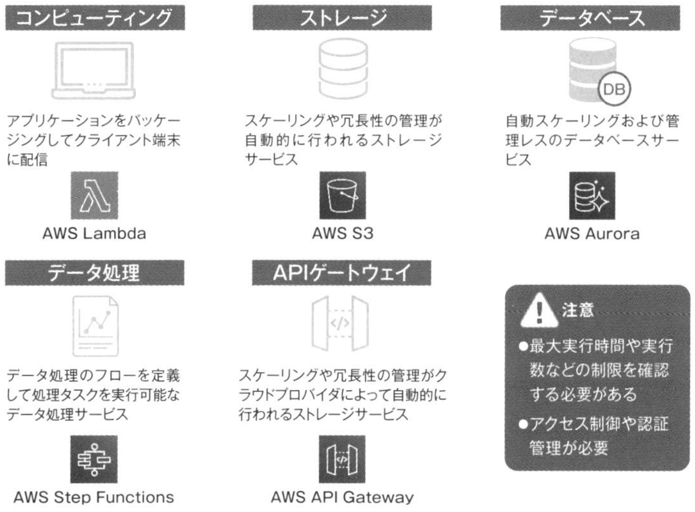

コンピューティング
アプリケーションをパッケージングしてクライアント端末に配信
AWS Lambda
ストレージ
スケーリングや冗長性の管理が自動的に行われるストレージサービス
AWS S3
データベース
DB
自動スケーリングおよび管理レスのデータベースサービス
AWS Aurora
データ処理
データ処理のフローを定義して処理タスクを実行可能なデータ処理サービス
AWS Step Functions
APIゲートウェイ
スケーリングや冗長性の管理がクラウドプロバイダによって自動的に行われるストレージサービス
AWS API Gateway
注意
●最大実行時間や実行数などの制限を確認する必要がある
●アクセス制御や認証管理が必要

Point

- サーバーなどのインフラ機器をクラウドプロバイダに管理されることで、開発者はアプリケーションなどの開発に集中できるのがサーバー管理レスサービスの大きなメリット
- サーバー管理レスサービスを利用する際には、アクセス制御や認証などのセキュリティ管理に注意が必要である

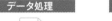

» サーバーレスコンピューティングのための軽量な仮想化機能

Firecrackerを利用した軽微な仮想化

AWSのLambdaやFargateなど、サーバーレスコンピューティングの基盤に使われているFirecrakerについて紹介します。利用者がサーバーの存在や管理を意識せずに、これらのコンピューティングサービスを利用できます。

Firecrackerとは、AWSが開発したオープンソースタイプのLinuxカーネル上で動作する仮想化技術で、非常に軽量であることが特徴です。**Firecrackerは、KVM（Kernel-based Virtual Machine）という仮想化機能をベースにしており、仮想マシンを起動する際にリソースを必要最小限に抑えられます。**サイズが小さくて軽量なので、起動が超高速で行えます。具体的には、約1秒で仮想マシンが起動できるほどです。高速で安全なコンテナと仮想マシンの実行を可能にしていることから、AWSのサーバーレスサービスで利用されています（図6-11）。

サーバーレス環境をどのように利用するか？

サーバーレスサービスでは、**利用者は物理サーバーや仮想サーバーの管理が不要となります。**これらはサービス提供者側で実施され、**マネージドサービスとして提供されます。AWS Lambda、Azure Functions、Google Cloud Functions**などが有名です。

利用者はアプリケーションの実行に必要なリソースの利用料のみを支払うため、コストを抑えられます。

サーバーレス環境は、次のような流れで利用します（図6-12）。

❶**利用者は、アプリケーションコードをクラウドベンダーが提供するサーバーレスサービスにアップロードする**

❷**サービスが、アプリケーションの実行に必要なリソースを自動的に割り当てる**

❸**以降、自動的にリソースが追加されスケーリングが行われる**

図 6-11

Firecrackerのスタック構成

Firecracker型

- ランタイムと実行環境はプログラムの実行に必要な要素で、プログラムが正しく動作するためには適切なランタイムと実行環境が提供されている必要がある
- ラインタイムはライブラリなどのソフトウェアコンポーネントを指す
- プログラム（アプリケーションコード）が実行される際には、コンパイル・ビルドなどによって生成された実行可能なバイナリコードが、特定の実行環境上で動作する

図 6-12

サーバーレス環境が動作するまで

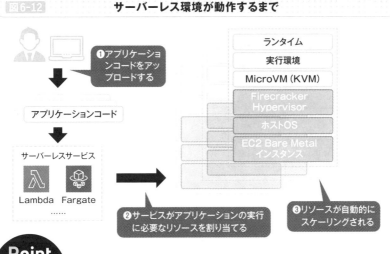

Point

- Firecrackerは KVM という仮想化機能をベースにしており、仮想マシンを起動する際にリソースを必要最小限に抑えられる
- サーバーレスサービスを利用すると、利用者はサーバーの管理が不要になる
- 各クラウドベンダーから AWS Lambda、Azure Functions、Google Cloud Functionsといったマネージドサービスが提供されている

≫ クラウド上のデスクトップ仮想化

クラウド型でも提供されるデスクトップ仮想化サービス

第5章ではPC環境を仮想化するデスクトップ仮想化について説明しました。**デスクトップ仮想化はクラウド環境で利用することで、クラウド利用のメリットを享受できます**（図6-13）。

メリットの1つ目は管理負担の軽減です。ハードウェアやソフトウェアの導入、運用、資産の管理はクラウドサービスベンダー側が行うので、利用者はそのような負担から解放されます。

また、コスト面でのメリットもあります。ハードウェアやソフトウェアを購入する費用や、管理を行うための人件費が削減できます。なお、クラウド型を利用する場合には、オンプレミス・データセンター型の場合のコストと比較シミュレーションすることをお勧めします。

さらに、クラウド型にすることで得られる最大のメリットは**保有する物理リソース制限からの解放**です。センターサーバーの物理リソースの利用状況に応じて仮想デスクトップを柔軟に増やしたり、減らしたりできます。

ライセンスなども柔軟にオンデマンド型で利用できるのは、所有せずに利用する形態である、クラウドの大きなメリットとなります。

デスクトップ仮想化を提供するクラウド

各クラウドベンダー提供のデスクトップ仮想化には、主に次のような種類があります（図6-14）。

- Amazon WorkSpaces（AWS）
- Microsoft Azure Virtual Desktop※（Microsoft）
- Google Cloud Virtual Desktop（Google）
- VMware Horizon Cloud（VMware）
- Citrix Virtual Apps and Desktops（Citrix）

※ MicrosoftではWindows 365も提供している

図6-13　クラウドでデスクトップ仮想化を使うメリット

オンプレミス型
デスクトップ仮想化の場合

| データ |
| アプリ |
| ランタイム |
| ミドルウェア |
| OS |
| 仮想化 |
| サーバー |
| ストレージ |
| ネットワーク |

管理者
すべて管理

リソースの追加が必要な場合は自前でハード増強などを行う

クラウド型
デスクトップ仮想化の場合

| データ |
| アプリ |
| ランタイム |
| ミドルウェア |
| OS |
| 仮想化 |
| サーバー |
| ストレージ |
| ネットワーク |

管理者
一部を管理

管理負担が軽減される

管理人件費も削減可

大半はクラウドベンダーが管理

リソースもクラウド型で提供されるため、拡縮が容易に行える

図6-14　主なクラウド型デスクトップ仮想化サービス

主なサービス	特　徴
Amazon WorkSpaces	● AWSが提供するデスクトップ仮想化サービスで、クラウド上で仮想デスクトップ環境を提供する ● 利用者が保有する任意のデバイスからアクセスして利用する ● フルマネージド型のサービスのため、セキュリティやパフォーマンスの管理はAWSが行う
Microsot Azure Virtual Desktop	● Microsoft Azureが提供するデスクトップ仮想化サービスで、Windowsベースのデスクトップ環境を提供する ● 利用者が保有する任意のデバイスからアクセスして利用する ● マルチセッション機能を備えており、複数の利用者が同じ仮想マシンを共有できる
Google Cloud Virtual Desktop	● Google Cloudが提供するデスクトップ仮想化サービス ● フルマネージドサービスとして提供されるため、Googleがセキュリティパッチやアップデートの管理、バックアップ、モニタリングなどの管理作業を行い、利用者は煩雑な管理作業から解放される
VMware Horizon Cloud	● VMwareが提供するデスクトップ仮想化サービスで、VMwareの仮想化技術を活用し、仮想デスクトップ環境を提供している ● 同じVMwareを利用することで、オンプレミスのデータセンターとクラウドを統合するハイブリッドクラウド環境を構築できる
Citrix Virtual Apps and Desktops	Citrixが提供するデスクトップ仮想化およびアプリケーション仮想化のソリューション

Point

🖊 デスクトップ仮想化をクラウド環境で利用することで、物理リソース制限からの解放など、一般的なクラウドの利用メリットを享受することができる

🖊 主要なメガクラウドベンダーがデスクトップ仮想化機能を提供している

» クラウド上の アプリケーション仮想化

クラウド型でも提供されるアプリケーション仮想化サービス

アプリケーションの仮想化でもクラウド型を利用することで、メリットを享受できます。

デスクトップ仮想化をクラウドで使うメリットの中で説明した物理リソースからの解放は、アプリケーション仮想化でも最大のメリットとなります。必要に応じて物理リソースを追加してスケールアップできるので、利用者が急に増えるようなシーンでも**柔軟に対応できます**。また、このようなプラットフォームを利用することで、アプリケーションを追加したり削除したりする際の柔軟性もアップします。

必要なリソースを必要なときに増やしたり減らしたりできることで、**コストも最適化**（削減）できます。

さらに、どこからでもつなげてアクセスできる（当然ですが、セキュリティ設計を十分に行ってアクセス制限をすることは必須です）クラウドサービスを利用すれば、**利用者は場所を問わずにアプリケーションを利用できます**。コロナ禍によって急増した在宅勤務や屋外からの接続、また最近のトレンドになっているワーケーションなどにも対応できます（図6-15）。

アプリケーション仮想化を提供するクラウド紹介

アプリケーション仮想化も各クラウドベンダーから提供されています。主に、次のようなものがあります（図6-16）。

- **VMware ThinApp**（VMware）
- **Citrix Virtual Apps and Desktops**（Citrix）
- **Cameyo**（Cameyo）
- **Turbo.net**（Turbo.net）

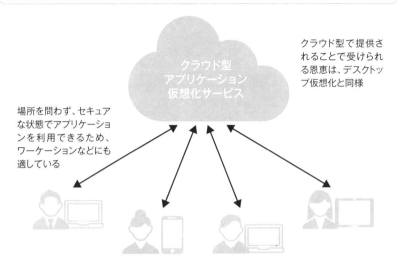

図6-15 クラウド型サービスはテレワークやワーケーションにも適している

クラウド型
アプリケーション
仮想化サービス

クラウド型で提供されることで受けられる恩恵は、デスクトップ仮想化と同様

場所を問わず、セキュアな状態でアプリケーションを利用できるため、ワーケーションなどにも適している

図6-16 主なクラウド型アプリケーション仮想化サービス

主なサービス	特徴
VMware ThinApp	● VMwareが提供するアプリケーション仮想化サービスで、アプリケーションを仮想化して、クラウド上で配信および実行ができる ● アプリケーションの依存関係やコンフリクトを回避し、異なる環境での互換性を確保できる
Citrix Virtual Apps and Desktops	Citrixが提供するデスクトップ仮想化およびアプリケーション仮想化のソリューション
Cameyo	● Cameyoが提供するクラウドベースのアプリケーション仮想化サービス ● シンプルなインタフェースと使いやすさが特徴であり、開発者や企業にとって柔軟なアプリケーション配信ソリューションとなっている
Turbo.net	● Turbo.netが提供するアプリケーション仮想化サービス ● シームレスなアプリケーションのデプロイメントと管理を提供し、アプリケーションの互換性やセキュリティを確保できる

Point

🖉 アプリケーション仮想化をクラウド型で利用することで、物理リソースの柔軟な対応、コスト最適化、柔軟なアクセスを実現できる

🖉 アプリケーション仮想化サービスを提供しているベンダーは多岐にわたる

やってみよう

システム要件に合わせて最適なAWSサービスを選んでみよう

　第2章から第5章までは、オンプレミス環境の仮想化方式とそれを実現する製品を紹介しました。第6章では、クラウド環境で提供されている仮想化サービスの種類、特徴、利用時の注意点を中心に紹介しました。利用者は、システム要件に応じたクラウドサービスを選択してシステムを構成する必要があります。

　下記にいくつかのシステム要件例を挙げたので、どのサービスが最適かを考えてみましょう。

要件

> ❶データベースに利用するサーバーのOS設定を自社が管理する
> ❷データベースに非常に重要なデータを保存する
> ❸データベースサーバーの大容量のバックアップデータをAWS上に
> 　2年間保存する

実現方式（AWSサービスの利用）

> ❶**データベースサーバーは［　　］で構築する**
> 　選択肢：EC2インスタンス、RDSインスタンス、Auroraインスタンス
> ❷**データベースサーバーは［　　］のネットワークに構築する**
> 　選択肢：パブリックネットワーク、プライベートネットワーク
> ❸**データベースサーバーのバックアップデータを［　　］に保存する**
> 　選択肢：インスタンス、EBS、S3

※各パブリッククラウドベンダーが各自の資格試験を提供しています（例：AWS認定 ソリューションアーキテクト‐アソシエイト）。資格勉強を通じてクラウドサービスへの理解をさらに深められます

仮想化とDX

～仮想化はこうしてDXに活用されている～

》 柔軟性と俊敏性のメリットを活かす①
育てる・捨てる

ミニマムから始めるMVP

　MVP（Minimum Viable Product）は、実用可能な最小限の製品の意味です。最小限の機能を持って製品・サービスをリリースし、利用者の反応を確認しながら、アジャイル型で開発されます。乗り物にたとえると、初めは自転車を作り、徐々に機能・性能を上げていく考え方です（図7-1）。

　このような手法でシステムを開発する場合、最初は最小限からスタートするため、動作に必要なCPUやメモリのリソース必要量も小さいです。しかし、利用者の反応がよく、次々と機能を追加していくようになると、それに応じてシステムのリソースも俊敏に増やしていく必要があります。このとき、物理サーバーだと、CPUやメモリが不足した際に、都度購入手続きをして、納品されるのを待ち増設するプロセスが必要になります。場合によっては、数週間から数カ月を要する作業です。一方、仮想化環境であれば、パラメータの設定値を変えるだけで、CPUやメモリ容量を増やせます（想定していたリソースが不要だった場合には減らすことも可能）。

　これらのことから、**MVPから徐々に拡大したり、アジャイル開発のように継続的にシステムを育てたりする手法と、仮想化は親和性**が高いです。

変更しないイミュータブルインフラ環境

　イミュータブルインフラ環境を用いた運用にも仮想化環境は適しています。イミュータブルとは「不変」を意味します。通常システム環境は、作った後に、アップデートや変更を加えて新しい状態を作っていきますが、イミュータブルインフラの構想では、一度作った環境は変更しません。何かシステムに変更が必要になった場合には、新しいリソースを作成し、必要な動作確認が完了したら、新しい環境へと本番環境を切り替え、古い環境は使わなくなった時点で捨てます（図7-2）。

　このように**新しくマシンを作ったり、古いマシンは捨てたりを頻繁に繰り返す運用**では、仮想化環境は非常に親和性が高いです。

図7-1　MVPを乗り物にたとえると……

MVP：実用可能な最小限の製品

自転車
乗り物という最低限のニーズを満たした製品……MVP

オートバイ　　自動車　　F1カー

利用者のニーズに従って徐々に機能や性能を増やしていく

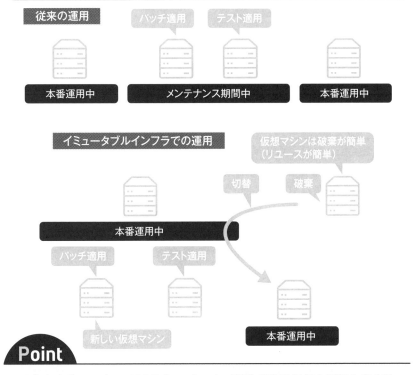

図7-2　イミュータブルインフラ環境を用いたシステム運用

従来の運用

パッチ適用　テスト適用

本番運用中　　メンテナンス期間中　　本番運用中

イミュータブルインフラでの運用

仮想マシンは破棄が簡単（リユースが簡単）

切替　破棄

本番運用中

パッチ適用　テスト適用

新しい仮想マシン　　本番運用中

Point

- 小さく作って育てるMVPやアジャイル開発手法は仮想化環境と親和性が高い
- 作る、捨てる、を繰り返すイミュータブルインフラも仮想化環境と親和性が高い

柔軟性と俊敏性のメリットを活かす②
DXに有効な仮想化

そもそもDXとは?

DXとは、デジタルトランスフォーメーション（Digital Transformation）の略称です。デジタルトランスフォーメーションとは、どのようなことを指すのでしょうか。

これまでも、ITを活用して企業や組織の業務を効率化することに対して、「IT化」や「デジタル化」というワードが使われてきました。DXは、それらとは異なる意味を持ちます。DXに近い言葉に「デジタライゼーション」がありますが、DXは、そのさらに発展的なアプローチとして、**ITを活用してビジネスモデルや企業・組織のプロセス（場合によっては文化までも）を変革（トランスフォーメーション）すること**を指します（図7-3）。

具体的にいうと、IoTやブロックチェーン、そして昨今活発になっているAIなどの技術を利用して、顧客体験（カスタマーエクスペリエンス）の向上を実現したり、新規事業を創出したりすることとなります。厳しい競争を生き残るための変革を行い、新しい価値を創造するためには、DXは欠かせない重要な取り組みとなっています。

なぜ仮想化技術はDXに有効なのか?

DXはデジタル技術を使って新たな価値を創造するプロセスです。以前から存在した業務の改善や効率化にとどまらず、大きな変化や新しいしくみの創出を行います。

このような取り組みは、**正解が非常に不明瞭**です。取り組んではみたものの、まったく使われない・効果が出ないしくみになってしまうことがあります。また、反対に想像以上の需要があって、当初考えていたシステムではリソースが足りないという事態が生じることもあります。

このようなしくみ（システム）を作る際には、**柔軟性や俊敏性の高い仮想化技術を用いた環境が有効**です。DXのためのシステムにも、仮想化環境（クラウド環境を含む）は適しています（図7-4）。

図7-3 デジタル活用レベルの段階

呼び方	一般的な意味
IT化	PCやそれをつなぐネットワークを導入して、業務の効率化や情報共有の促進を図る
デジタル化	業務で使用していたアナログデータをデジタルデータに変換し、IT上で業務を行えるようにすること
デジタライゼーション	● ITを活用して新しいビジネスやサービスを創造すること ● モバイル端末を利用したアプリケーションやビッグデータを活用したサービスを提供することなど
DX	● ITを活用してビジネスモデルや企業・組織のプロセス（場合によっては文化までも）を変革（トランスフォーメーション）すること ● IT化・デジタル化・デジタライゼーションを前提としたさらに発展的なアプローチとなる

図7-4 仮想化環境がDXに最適な理由

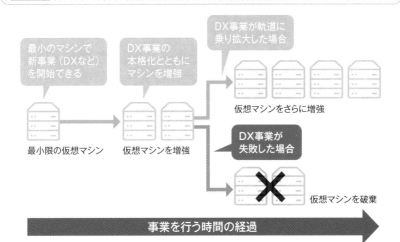

Point

✎ DXでは既存業務の効率化やデジタル化にとどまらず、企業・組織のビジネスモデルを新規創造したり変革したりする

✎ DXを進めることは、予測が難しい中でのシステム構築となるため、高い柔軟性・俊敏性を持つ仮想化環境が適している

≫ DXにおける使われ方①
バーストにも対応できる

サーバー仮想化でシステムに柔軟性を持たせる

　サーバーを仮想化することでシステムの柔軟性を向上させることができます。1つの物理サーバー上で複数の仮想マシンを稼働させる仮想化技術によって、物理サーバーに搭載されたリソースに関する無駄を最小限に抑えて効率的に利用できるためです。

　仮想マシンは、それぞれにOSが独立しているため、システムのエンハンスや機能追加、アップデートを他の仮想マシンと切り離して行えます（図7-5）。これは、**マイクロサービスアーキテクチャー（MSA）などDX系システムに多く用いられるアーキテクチャーにおいて、特に相性がよい**です。それぞれの業務機能と仮想サーバーをマイクロサービスとして分割することで、一部の業務機能に対してのみメンテナンスすることが可能になります。また、当該機能に対してのみ割当リソースを増やしたり減らしたりすることも可能です。

　仮想化することのメリットとしてバックアップの容易性も挙げられます。システムの変更を行う場合には変更前後の状態を取得するためのバックアップが欠かせません（イミュータブルインフラ方式を利用する場合を除く）。

　さらに、稼働する物理ホストサーバーを変更できる（移動できる）性質も持っています。この性質は、システム移行や災害発生時のバックアップサイトへの切替といったシーンでその威力を発揮します。

バーストへの対応

　仮想化技術を使って作り上げた基盤は、そのリソースを複数の仮想マシンで共用して利用しているため、柔軟な分配をコントロールすることで突然の高負荷（バースト）にも比較的強いです。ただし、これは**バーストが発生した場合に、十分なリソースが準備できており、かつ空いている必要があります**。ギリギリのリソース状態ではバースト時に他の仮想マシンにも悪影響を与えます（図7-6）。

図7-5　サーバー仮想化で柔軟性が上がる理由

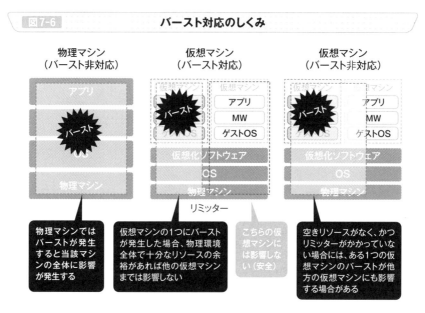

アプリケーションの機能ごとに仮想マシンを立てることでMSAを適用しやすい環境に

アップデートを他のマシン（ゲストOS）と切り離して実施できる

仮想マシンのかたまりで動作させる物理マシンを変更可能

| アプリ |
| ミドルウェア（MW） |
| OS |
| 物理マシン |

柔軟性 <

仮想マシン
アプリA / MW Ver1 / ゲストOS

仮想マシン
アプリB / MW Ver1 / ゲストOS

仮想マシン
アプリC / MW Ver2 / ゲストOS

仮想マシン
アプリD / MW Ver1 / ゲストOS

仮想マシン
アプリD / MW Ver1 / ゲストOS

仮想化ソフトウェア
OS
物理マシン

仮想化ソフトウェア
OS
物理マシン

物理環境　　　　　　　　　　　仮想化環境

図7-6　バースト対応のしくみ

物理マシン（バースト非対応）

仮想マシン（バースト対応）

仮想マシン（バースト非対応）

アプリ / バースト / 物理マシン

バースト / アプリ / MW / ゲストOS
仮想化ソフトウェア / OS / 物理マシン
リミッター

バースト / アプリ / MW / ゲストOS
仮想化ソフトウェア / OS / 物理マシン

物理マシンではバーストが発生すると当該マシンの全体に影響が発生する

仮想マシンの1つにバーストが発生した場合、物理環境全体で十分なリソースの余裕があれば他の仮想マシンまでは影響しない

こちらの仮想マシンには影響しない（安全）

空きリソースがなく、かつリミッターがかかっていない場合には、ある1つの仮想マシンのバーストが他方の仮想マシンにも影響する場合がある

Point

🖋 仮想化することで、さまざまな運用やシステム変更の柔軟性が高まる

🖋 仮想化はマイクロサービスアーキテクチャーとの相性もよい

🖋 バーストに対応するためには余裕を持ったリソース確保が必要

》DXにおける使われ方②
アジャイル型で必要時に払い出す

ヒットしなければ捨てる

VUCAの時代の中で、激しい競争を、リスクを軽減しながら進めるためには、これまでのセオリーであったウォーターフォール型の開発プロセスで重厚長大なシステム作りをすることは好ましくありません。小さく作り、素早くリリースしてサービスの利用者の反応を見るアジャイル型（7-8参照）の開発プロセスがトレンドとなります（図7-7）。

小さく始めて、少しずつ育てていく手法には、システム（サーバー）のスペックを柔軟に変更できる仮想化技術が適していることは前述の通りです。

ここではもう1つの利点について触れておきましょう。激しい競争下では、他に負けてしまうことや、勇み足で作ったもののあまりニーズがなかった（使われないシステムを作ってしまった）ということも十分に起こり得ます。そのような場合に、物理環境のシステムだと装置を購入してしまっているため、リース期間は使い続けるか、もしくは他のシステム用に転用する必要が生じてしまいます。しかし、必要なスペックと余った物理サーバースペックがマッチする可能性は高くないため、結果として遊休資産となってしまうケースがあります。

7-1・7-2で説明した通り、**仮想化環境上に作った仮想マシンであれば、不要になった際には簡単な操作で削除する**ことが可能です。

簡単に捨てられるのは仮想化基盤の大きなメリットと考えられます。

サーバープールを作っておくことで申請すれば使えるマシン

プールとは、仮想化技術の世界では、物理ホストサーバーに搭載されたCPU・メモリといったシステム資源をまとめて大きな資源のグループにしたもののことを指します。プールを利用できるメンバーは、プールから必要な資源を切り出して利用できます。この際に、**利用の払出しなどをワークフロー申請方式にすること**や、**払出作業そのものを自動化する**のが一般的です（図7-8）。

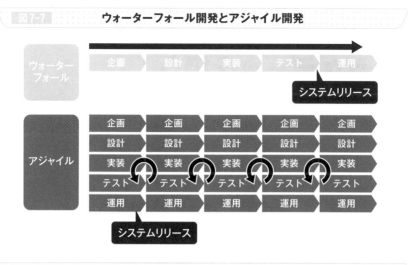

図7-7 ウォーターフォール開発とアジャイル開発

図7-8 サーバープールから仮想マシンを払い出す流れ

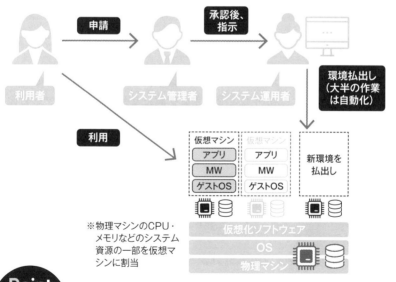

※物理マシンのCPU・メモリなどのシステム資源の一部を仮想マシンに割当

Point

- 仮想マシンは簡単に削除できるため、開発のリスクと遊休資産を抑えられる
- 仮想サーバーの払出しはワークフロー申請方式にして自動化するのが一般的

≫ DXにおける使われ方③ ビッグデータを扱う

データはこれからの石油

「データは新しい石油になる」といわれて久しいです。これからはデータが新たな価値を生み出す重要な資源になる、という意味です。

例えば、データは次のようなシーンで活用されています（図7-9）。

- AIにおける学習データ
- 経営分析やビジネスインテリジェンス
- 顧客管理（購買動向分析など）
- 天気予報／災害予測

いずれも、ビッグデータと呼ばれる大量のデータを蓄積することで、より正確で有益な情報を生み出せる確率がアップします。

しかし、**データは単に蓄積するだけでは役に立ちません。蓄積したデータを加工・分析して、初めて活用できる状態になります。**データをどのように加工するのか、どのように活用するのかを検討する「データサイエンティスト」という役割が脚光を浴びているのはこのような理由からです。

データを蓄積して活用するためのデータ活用基盤

前述の通り、さまざまなサービス提供や経営分析などにおいて、データの活用が非常に重要になっています。同時に、**それらのデータを蓄積して解析するためのITシステムも需要が高まっています。**このようなITシステムは一般的にデータ活用基盤と呼ばれ、組織や企業がデータを収集・蓄積・加工・分析・可視化などを行います。データ活用基盤にはこれらの機能を実装しますが、AWSなどのクラウドサービスを利用することも増えています（図7-10）。

データは増え続け規模が時間とともに大きくなっていくため、リソースを柔軟に拡張していける仮想化基盤やクラウド基盤が適しています。

図7-9 ビッグデータはどのように集め、どのように活用されるか？

SNS

顧客
データ

アクセス
ログ

センサー
データ

データサイエンティストとは、ビジネス上の問題を
データを活用することで解決するための分析や情報
提供・提案を行う専門家。必要な基礎スキルは、統計
学、プログラミング、機械学習など

図7-10 データ活用基盤の機能とデータの流れ

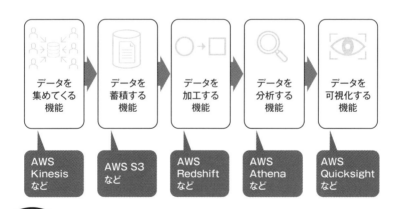

データを集めてくる機能	データを蓄積する機能	データを加工する機能	データを分析する機能	データを可視化する機能
AWS Kinesis など	AWS S3 など	AWS Redshift など	AWS Athena など	AWS Quicksight など

Point

  ◢ データは大量蓄積するだけでは不十分で、活用するための技術が必要に
なる
  ◢ 組織・企業が業務改善のために利用するデータを蓄積・解析するための
データ活用基盤が重要なITシステムとなっている

DXにおける活用ポイント①
インフラ管理の自動化

どんなことが自動化できるのか?

　DX時代では、「業務」＝「システム」となり、システムの数も急激に増えています（図7-11）。そのような状況において、**システムの構築や運用を従来通り人が手作業で行うのは非効率**です。市場が求めるスピード感にも追いつけなくなります。また、ITが複雑化して規模が膨らむことに反して、国内のITエンジニアの数は減っており、人材不足が深刻化しています。このような状況では、オペレーションを自動化して機械に任せてしまう対策が効果的です。自動化するためには、作業をプログラミングしてソフトウェア上で動かす必要があります。リソースをソフトウェアで定義する仮想化基盤は自動化と親和性が高いです。

　一般的に行われている自動化作業をいくつか挙げます。

- サーバー構築（サーバー払出しやOS・ミドルウェアの設定を含む）
- アプリケーションテスト
- 構成変更（アプリケーションリリースを含む）
- システム運用（監視や通知、ジョブの実行など）

自動化のメリット

　自動化には、次のような多くのメリットがあります（図7-12）。

- **品質向上**……人的ミスが減少し、品質確保のための工数の削減が期待できる
- **スピード向上（生産性向上とコスト削減）**……大量作業の実現と、人件費削減によるコスト削減が行える
- **時間の有効活用**……夜間実行や24時間作業をし続けるなど効率的に時間を使える
- **再現性確保**……プログラム流用で誰がいつやっても同じ結果になる

図7-11 ITがビジネスそのものになる

業務とシステムが密接・直結する

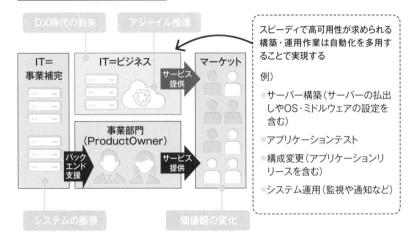

DX時代の到来　アジャイル推進

| IT=事業補完 | IT=ビジネス | マーケット |

サービス提供

事業部門（ProductOwner）

バックエンド支援　サービス提供

システムの膨張　価値観の変化

スピーディで高可用性が求められる構築・運用作業は自動化を多用することで実現する

例）
- サーバー構築（サーバーの払出しやOS・ミドルウェアの設定を含む）
- アプリケーションテスト
- 構成変更（アプリケーションリリースを含む）
- システム運用（監視や通知など）

図7-12 自動化をすることで得られるメリットは多い

	手動で実施した場合	自動化した場合
品質	人手で行う作業はチェッカーをつけた2名体制で行うなど多くの工数をかけて担保	自動化している部分は、人的ミスの心配はないため品質確保にかける工数を削減可能
スピード	人がオペレーション・処理をする速度に依存	・コンピュータの処理スピードに依存 ・大量の作業を人件費を削減して実施可能
時間制約	・業務時間帯（基本は日中帯）に限られる ・グローバルに拠点がある場合は時差を利用した24時間態勢も可能	コンピュータは眠る必要がないため、時間的制約はない
再現性	属人化されている作業や、人が介入することで毎回まったく同じ処理が行われることが保証されない	同一プログラム・同一データであれば、いつ誰が実行しても同じ結果を得ることができる

Point

- システムが複雑化し大規模化しているので、人手だけに頼るのは限界がある
- 自動化には、品質・スピードの向上、時間の有効活用、再現性確保といったさまざまなメリットがある

DXにおける活用ポイント②
クラウドへの移行

クラウドへの移行親和性

オンプレミス（データセンター型を含む）で運用していたシステムをクラウドへ移行する際には、**事前にオンプレミス環境上で仮想化をしておくことで移行のしやすさが向上します**。クラウドへ移行する方法には、次のような考え方があります（図7-13）。

●クラウドリフト

オンプレミスで採用していたアーキテクチャーをそのまま採用してクラウド基盤へ移行する方法です。オンプレミスで利用していた仮想マシンのイメージをクラウド基盤へアップロードして起動します。

●クラウドシフト

PaaSやSaaSなどのクラウドベンダーがマネージドサービスとして提供する機能をアーキテクチャーに取り入れて移行する方法です。クラウドネイティブな設計思想を採用した形で再構築します。アプリケーションはクラウドサービスを利用する前提で一部作り直す必要があります。クラウドリフトに比べて初期のアプリケーションの修正コストは増えますが、稼働後にはクラウドの恩恵をより多く受けることが可能です。

オンプレミスとクラウド間の可搬性を高める

オンプレミスとクラウド間の可搬性をさらに高める運用手法として、**オンプレミスとクラウドで同じ仮想化技術（製品）を利用する方法があります**。例えば、ハイブリッドクラウドサービスの「VMware Cloud on AWS」を利用すれば、オンプレミスとクラウドの両方で同一の仮想化基盤となるVMwareを運用できるため、一元管理が実現できます（図7-14）。

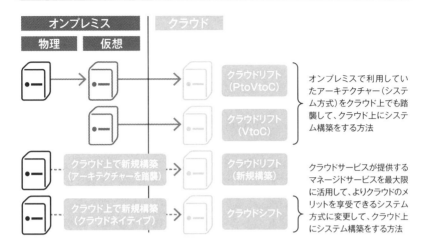

図7-13　クラウドへの移行パターン

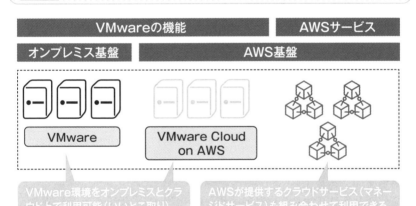

図7-14　VMware Cloud on AWSの基本的な構成

Point

- 仮想化環境はクラウド環境への移行がしやすい
- クラウドへの移行方法は、大きくクラウドリフトとクラウドシフトに分けられる
- オンプレミスとクラウドで同じ仮想化技術を使って一元管理することが可能

DXにおける活用ポイント③
開発手法

PoC環境としての仮想化環境の使い方

PoCとは、Proof of Conceptの略です。日本語にすると概念検証です。これから作ろうとするもの、アイデア、および採用しようとする技術などが実現可能か否かを事前に検証してみることを指します（図7-15）。

技術的な実現可否の確認に加えて、マーケットに受け入れられるか否かの調査でもこの手法が採用されることがあります。

PoCに用いるITシステムのトライアル環境には、簡単に環境を用意でき、不要になった場合には簡単に捨てられる仮想化基盤が適しています。

PoCを実施する期間だけ仮想マシンを払い出し、検証が終われば返却をすることが可能です。検証期間も常時起動しておく必要がない場合は、例えば日中のみ起動しておくといった使い方も可能です。これはPoC環境に限らず、**その他の検証環境や開発環境でも採用することのできる運用方法**です。

アジャイル開発時の仮想化環境の使い方

アジャイル開発とは、ソフトウェアを開発する際の手法の1つです。従来のウォーターフォール開発とは異なり、開発チームが短い期間で小さい成果物を繰り返し作成（開発）し、顧客やステークホルダーのフィードバックを取り入れながら、以降の開発を進めていく手法です（図7-16）。

軌道修正がしやすいことから、**柔軟性の高さ**や変更への対応のしやすさが特徴の開発手法です。このような開発手法のため、**仮想化環境との親和性は非常に高い**です。

アジャイル開発では、複数の開発環境やテスト環境が必要になることや、そのような環境が急に追加で必要になることがあります。そのような場合に、環境の追加構築や不要になった場合の削除が容易なため、仮想化環境はアジャイル開発にとって重要な役割を果たします。

図7-15　PoCでコンセプトを検証する

PoCとは、ビジネスのコンセプトが実現性のあるものか否かを検証してみること

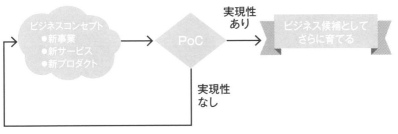

コンセプトを再考

図7-16　アジャイル開発は短期間で開発を繰り返す

アジャイル開発とは、顧客とのコミュニケーションを重視し、短期間の
イテレーションを繰り返しながら、柔軟に変化に対応する開発手法

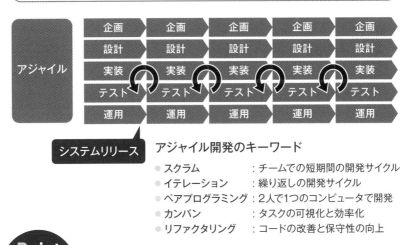

アジャイル開発のキーワード

- スクラム　　　　　：チームでの短期間の開発サイクル
- イテレーション　　：繰り返しの開発サイクル
- ペアプログラミング：2人で1つのコンピュータで開発
- カンバン　　　　　：タスクの可視化と効率化
- リファクタリング　：コードの改善と保守性の向上

Point

- PoC環境や検証環境・開発環境には仮想化環境が適している
- アジャイル開発は、ウォーターフォール開発に代わる柔軟性の高い開発
手法で、その柔軟性の高さを活かせる仮想化環境との親和性が高い

やってみよう

第7章では、仮想化やクラウドの技術がDX（デジタルトランスフォーメーション）のためのシステムと相性がよいことを説明しました。

身の回りで見られるDXの例とは、次のようなものです。

- **AIアシスタント**（AIを活用したチャットボットが店舗での問い合わせやオンラインショッピングのアシスタントとして活用される）
- **スマートシティ**（街全体をIoTデバイスなどによってデジタル管理し、エネルギーの効率化や交通渋滞解消を実現する）

そのDXを実現するためのシステムはどのような使われ方をしているか、具体例を以下に挙げます。

- **クラウド基盤**：クラウドベースのシステムは、柔軟性やスケーラビリティが高く、DX要件に適しています。クラウド上にアプリケーションやデータを配置しておくことで、リソースの効率的な利用やアクセスが可能になります。

- **ビッグデータ基盤**：ビッグデータの分析・活用を行うためのプラットフォームはDXの重要な要素で、ビジネスの意思決定や顧客の行動予測に活用できます。このようなシステムでは、大量のデータを収集・加工処理し、可視化するためのツールなどを提供します。

- **IoT基盤**：IoTデバイスが普及し、IoTデバイスのセンサーから得られるデータを活用することで、新たなビジネスモデルが生まれています。DXにIoTシステムが活用されるケースが増えています。

皆さんの身の回りの新しいサービスの裏側でも、このようなシステムが稼働しています。街中やインターネットにあるサービスがどんなシステムに支えられているか、ぜひ想像してみてください。

仮想化環境の操作

～構成ファイルで仮想化環境を制御する～

» ソフトウェアで定義する

ソフトウェア定義の考え方

ソフトウェア定義（Software Defined）とは、サーバー、ネットワーク、ストレージなどの**ハードウェアの機能をソフトウェアで制御して管理する考え方**です。従来はハードウェアとソフトウェアが密接に関連していて、インフラで実現できる機能がハードウェアの機能に制限されていましたが、ソフトウェア定義を用いることでハードウェアとソフトウェアを分離して管理できるようになり、柔軟かつ迅速に対応できるようになりました。

ソフトウェア定義とIaC

IaC（Infrastructure as Code）とは、**インフラストラクチャーをコード（スクリプトや設定ファイル）として扱い、自動化ツール・プロセスを利用してインフラ環境をプロビジョニング・構築・管理する手法**です。ソフトウェア定義のネットワークやストレージなどのリソースをIaCコードによって管理・制御することで、必要に応じて自動的にインフラを構築することが可能になります（図8-1）。コードベースのため、インフラの状態を追跡・管理しやすくなり、繰り返し利用できるテンプレートを活用でき、作業の効率化が図られます。

クラウド環境では、リソースの可変性が高く、スケールの大きなシステムを迅速に展開・運用する必要があるため、ソフトウェアでの定義と自動化が特に重要な要素となっています。

ソフトウェア定義を活用する際の注意点

ソフトウェア定義を活用する際には、セキュリティ対策やアクセス制御の考慮、ネットワークの適切設定、パフォーマンスネックにならないためのリソース配置の考慮などが必要になります（図8-2）。

図8-1　ソフトウェア定義のリソースをIaCによって管理・制御する

サーバー　　ネットワーク　　ストレージ

ハードウェアの機能をソフトウェアで制御して管理
- ITインフラ構築のために機器を導入する必要がなくなる
- ハードウェアとソフトウェアを分離して管理できる
- ハードウェアとソフトウェアが柔軟かつ迅速に対応できる

IaC
(Infrastructure as Code)

ソフトウェア定義のリソースをIaCコードによって管理・制御
- 必要に応じて自動的にインフラ構築できる
- インフラの状態を追跡・管理しやすくなる
- 繰り返し利用できるテンプレートを活用でき、作業の効率化が図られる

図8-2　ソフトウェア定義活用時の注意点

クラウド環境では、リソースの可変性が高く、スケールの大きなシステムを迅速に展開・運用する必要があるため、ソフトウェアでの定義と自動化が特に重要！

セキュリティ対策やアクセス制御の考慮、ネットワークの適切設定、パフォーマンスネックにならないためのリソース配置の考慮などが必要

セキュリティ対策　　アクセス制御　　ネットワーク設定　　リソース配置

Point

- ソフトウェア定義とはハードウェアの機能をソフトウェアで制御して管理する考え方である
- IaCとは、インフラ環境をコードでプロビジョニング・構築・管理する手法である
- ソフトウェア定義のリソースをIaCコードで管理・制御することで、クラウド環境へ柔軟に対応可能である

≫ 仮想化されたインフラを制御する

IaCの原則

IaC（インフラコード化）にはいくつかの原則があります（図8-3）。

1つ目は、コード利用で**インフラ構築の自動化と再現性を実現すること**です。2つ目は、明確な命名規則などを通じて**コードの可読性とインフラの保守性を確保すること**です。3つ目は、コードをモジュール化することにより、**コードの再利用性を向上させること**です。4つ目は、コードの変更履歴やバージョンを管理することで、**問題の早期発見とコードの修正を簡単にすること**です。

IaCのリソースの定義と構成

IaCにおけるリソースの定義と構成手順を説明します（図8-4）。まずは、構築するリソースを決定し、IaCテンプレートにそのリソースの種類、名前、プロパティなどを記述します。次に、テンプレートで使用するパラメータや変数を定義します。さらに、リソースのプロビジョニングと構成をテンプレートに記述します。

リソースの定義と構成の際にリソース間の依存関係を定義する必要もあるため、注意が必要です。例えば、AWS環境のサブネットとルートテーブルを関連づける部分をコードで定義する必要があります。

IaCのテスト戦略

IaCコードの品質向上、問題の早期発見などを実現するために適切なテスト戦略が重要です。各リソースが意図通りに設定されることを確認するための単体テスト以外に、リソース間の動作を確認する結合テスト、擬似環境でのデプロイメントテスト、セキュリティテストなども必要です。テスト以外に、デプロイ時に問題が発生する場合のロールバック計画、構築したインフラのモニタリングも重要です（図8-5）。

図8-3 **IaCの4つの原則**

コード利用でインフラ構築の
自動化と再現性を実現

コードをモジュール化することにより、
コードの再利用性を向上させる

(provider)_(resource)_(target).tf

明確な命名規則など通じて
コードの可読性とインフラの保守性を確保

コードの変更履歴やバージョンを管理して
問題の早期発見とコードの修正を簡単にする

図8-4 **IaCにおけるリソースの定義・構成手順**

  構築するリソースを決定し、
IaCテンプレートにそのリソースの種類、名前、プロパティなどを記述

  テンプレートで使用するパラメータや変数を定義

  リソースのプロビジョニングと構成をテンプレートに記述
リソース間の依存関係を定義する必要もある
（例：サブネットとルートテーブルを関連づける部分をコードで定義するなど）

図8-5 **IaCにおけるテスト戦略**

  単体テスト：各リソースが意図通りに設定されることを確認

  結合テスト：リソース間の動作を確認

  擬似環境テスト：デプロイメントテスト、セキュリティテストなど
※デプロイ時に問題が発生する場合のロールバック計画、構築したインフラのモニタリングも重要

Point

- IaCを活用する際に、自動化と再現性、可読性と保守性、再利用性、問題の早期発見と修正という4つの原則がある
- リソースの定義と構成の際にリソース間の依存関係を定義する必要がある
- IaCコードの品質向上、問題の早期発見などを実現するために適切なテスト戦略が必要である

必要なときだけ作り、
不要になったら捨てる

オンデマンドの価値観

　従来のオンプレミス環境では、すべてのインフラ機器が企業にとって重要な存在です。インフラ機器が故障してシステムが稼働できなくなってしまえば非常に大きなインシデントになるので、企業が多くの人手をかけて管理やメンテナンスを行っていました（図8-6）。

　しかし、クラウド環境では、インフラ機器個体の存在が重要ではなく、システム全体の稼働維持が優先されています。インフラ機器が故障して稼働できなくなる場合は、その機器を調査・復旧するよりも、故障した機器を捨てるなどのように、全体を効率的に管理する方に目を向けます。

　このような考え方の変化があったのは、**機器の単価が安価になり、数も多くなり、故障したらすぐに他の機器に切り替えられることができるから**です。ここで生まれたのはオンデマンドの価値観です。クラウド環境では、需要に合わせてリソースを柔軟に拡張・縮小できるため、ピーク時のリソースの浪費を回避し、コストの最適化が可能です。オンデマンド性により、**必要なときに必要なだけのリソースを利用し**、企業がビジネスの変動にスムーズに対応できます。

オンデマンドとIaC

　オンデマンド利用可能なクラウド環境こそ、1日に何百ものアプリケーションをデプロイするようなことが可能です。クラウドコンソール上でインフラやアプリケーションを手動で構築するのは時間がかかるため、大量な構築・開発にはIaCを利活用します。

　IaCを使用すれば数分でインフラをセットアップできると同時に、**すべての設定ファイルについてバージョン管理を行えるため、IT環境全体の一貫性を確保できます**。IaCで削減したコストをビジネスに再投資できることもあり、人手を解放して他の重要な作業に回すこともできるようになります（図8-7）。

図8-6　オンデマンドの価値観の背景

オンプレミス

インフラ機器が故障してシステムが稼働できなくなってしまえば、非常に大きなインシデントになる
➡ 機器の管理やメンテナンス、故障した機器の調査・復旧に大量な人手をかけている

機器の単価が安価に
機器の数が増加
➡ 機器が故障してもすぐに他の機器に切替可能

ここで生まれたのはオンデマンドの価値観！
（必要なときに必要なだけのリソースを利用する考え方）

クラウド

インフラ機器個体より、全体としてのシステム稼働の維持が優先される
➡ 故障した機器を捨てるなどのように、全体を効率的に管理する方に目を向けている

図8-7　IaC利活用のメリット

大量なアプリケーションとインフラを数分でデプロイ・セットアップ可能

すべての設定ファイルについてバージョン管理を行えるため、IT環境全体の一貫性を確保できる

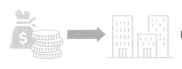

IaCで削減したコストをビジネスに再投資できる

Point

✎ インフラ機器の単価が安価になり、数も多くなってきたため、必要なときに必要なリソースを利用するというオンデマンドの価値観が生まれた
✎ IaCを利用することで、すべての設定ファイルについてバージョン管理を行えるため、IT環境全体の一貫性を確保できる

》 Immutableの効用

変更可能（Mutable）IaCと変更不可（Immutable）IaC

変更可能なIaCとは、インフラ変更を行う際に**既存のリソースを変更・更新する**アプローチです。リソースの設定を手動で変更して更新するため、同じ環境でインフラとしてのバージョン管理が必要になります。

それに対し、変更不可なIaCとは、インフラ変更を行う際に、**新しいリソースを構築し、既存のリソースを削除する**アプローチです。このアプローチは**一貫性を保ち、変更の影響を最小限に抑え、環境のバージョン管理も不要になります**（図8-8）。

変更不可IaCの事例

Log4j（Application Programming Interface）というオープンソースのロギングAPIが世界中のJavaアプリケーションで広く利用されています。しかし、2021年12月にLog4jの重大な脆弱性が見つかり、大人気ゲーム「Minecraft」やApple社の「iCloud」など、一般に身近なサービスへの影響も確認されました（図8-9）。

Log4jの脆弱性に対処するためのパッチ適用について、パッチの提供タイミング、インフラの複雑さやアプリケーションの依存関係、テストと検証などの要因によって異なる時間がかかります。

既存リソースを調査してパッチ適用するのはあまりにも時間がかかるため、新しいバージョンのアプリケーションイメージをビルドしてコンテナ化するか、仮想マシンイメージを更新し、この新しいイメージには対策済みのLog4jを入れる方が効率的です。

さらに、デプロイについて、コンテナオーケストレーションツール（Kubernetes、ECSなど）を使用し、ロールバック可能なデプロイ戦略を使用して、リリースの段階的な切替を行います。問題が発生した場合、ロールバック計画を用意して元の状態に戻る準備をします。これにより、問題が発生しても最小限のダウンタイムで元に戻せます。

図8-8　変更可能（Mutable）IaCと変更不可（Immutable）IaCの違い

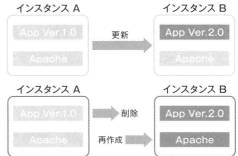

変更可能IaC
同じ環境でインフラとしてのバージョン管理が必要
インフラ変更を行う際に既存のリソースの変更・更新が伴う
変更不可IaC
一貫性を保ち、変更の影響を最小限に抑える
環境のバージョン管理も不要
インスタンス A
インスタンス B
App Ver.1.0
Apache
更新
App Ver.2.0
Apache
インスタンス A
インスタンス B
App Ver.1.0
Apache
削除
再作成
App Ver.2.0
Apache

図8-9　変更不可IaCの事例（Log4jの脆弱性事例）

Log4j（Application Programming Interface）
オープンソースのロギングAPI
背景
2021年12月にLog4jの重大な脆弱性が見つかり、一般に身近なサービスへの影響も確認された
解決に対しての課題
脆弱性に対処するためのパッチ適用について、パッチの提供タイミング、インフラの複雑さやアプリケーションの依存関係、テストと検証などの要因によって異なる時間がかかる
変更不可のLog4jに対してのパッチ適用は次のような対策が考えられる
build
run
Dockerfile
（Dockerイメージの設計図）
Dockerイメージ
（テンプレートファイル）
Dockerコンテナ
（アプリケーションの実行環境）
方法❶
新しいバージョンのアプリケーションイメージをビルドしてコンテナ化
方法❷
対策済みのLog4jを入れて仮想マシンイメージを更新
SVC
v1
SVC
v2
pod
v1
pod
v1
pod
v2
pod
v2
さらに、Kubernetesなどのツールを利用してデプロイを行う
※問題が発生した場合、ロールバック計画を用意して元の状態に戻る準備をする。これにより、問題が発生しても最小限のダウンタイムで元に戻せる

Point

- 変更可能なIaCは既存のリソースを変更・更新できるのに対し、変更不可なIaCはリソースを新規構築して既存リソースを削除する
- 変更不可なIaCアプローチを利用することで、一貫性を保ち、変更の影響を最小限に抑え、環境のバージョン管理も不要になる

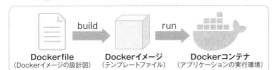

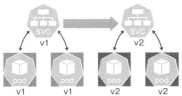

》 VagrantとDockerを利用した IaCでの仮想サーバーコントロール

VagrantとDocker

IaCツールとして、VagrantとDockerがよく利用されます。Vagrantは、**仮想サーバーを簡単に構築・管理できるツール**です。Dockerは、**アプリケーションやその依存関係をコンテナとして包み込むプラットフォーム**です。**再現性のある環境を構築できる**のが共通点です（図8-10）。

ローカル検証環境（仮想サーバー）をVagrantで構築する

仮想サーバーをVagrantで構築する手順は次の通りです（図8-11）。

❶プロジェクトのルートディレクトリにVagrantfileを作成する
❷プロバイダやベースボックスをVagrantfileで定義する
❸プロビジョニングスクリプトを指定する
❹ルートディレクトリに移動し、「vagrant up」コマンドを実行すると仮想サーバーが自動で起動し、プロビジョニングされる

ローカル検証環境（仮想サーバー）をDockerで構築する

仮想サーバーをDockerで構築する手順は次の通りです（図8-12）。

❶ルートディレクトリにDockerfileを作成し、コンテナのビルド手順を定義する
❷アプリケーションの設定や依存ライブラリのインストール手順をDockerfileに記述する
❸ルートディレクトリに移動し、下記のコマンドを実行してDockerイメージのビルドとコンテナの起動を行う

```
docker build -t {作成するイメージの名前}
docker run -d –name {コンテナ名} -it {イメージ名}
```

図8-10 **VagrantとDockerの相違点**

Vagrant

仮想サーバー　　　仮想サーバー

仮想サーバーを簡単に構築・管理するツール

Docker

アプリケーションと その依存関係	アプリケーションと その依存関係

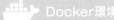 Docker環境

コンテナ仮想化技術を利用して、アプリケーションやその依存関係をコンテナとして包み込むプラットフォーム

共通点 事前に設定ファイルを準備し、再現性のある環境を構築できる

図8-11 **Vagrantでの仮想サーバーの構築手順**

Step1 プロジェクトのルートディレクトリにVagrantfileを作成

Step2 プロバイダやベースボックスをVagrantfileで定義

Step3 アプリケーションのセットアップや設定を定義したプロビジョニングスクリプトを指定

Step4 コマンドラインでルートディレクトリに移動し、「vagrant up」コマンドを実行
仮想サーバーが自動で起動し、プロビジョニングされる

図8-12 **Dockerでの仮想サーバーの構築手順**

Step1 プロジェクトディレクトリにDockerfileを作成し、コンテナのビルド手順を定義

Step2 アプリケーションの設定や依存ライブラリのインストール手順をDockerfileに記述

Step3 コマンドラインでルートディレクトリに移動し、下記コマンドを使用して、Dockerイメージのビルドとコンテナの起動を実行
```
docker build -t {作成するイメージの名前}
docker run -d --name {コンテナ名} -it {イメージ名}
```

Point

🖉 Vagrantは仮想サーバーを簡単に構築・管理するツール、Dockerはアプリケーションやその依存関係をコンテナとして包み込むプラットフォームである

🖉 VagrantとDockerを利用することで、再現性のある環境を構築できる

≫ Terraformを使用したIaCでの クラウド環境のコントロール

IaCツールであるTerraformの概要

Terraformとは、HashiCorp社によって開発されたIaCツールです。**Terraformは宣言型言語で、インフラの状態を定義するだけでインフラを構築できます。** Terraformを使用すると、クラウドプロバイダ（AWS、Azure、Google Cloudなど）やオンプレミスの環境を、一貫性のある方法で定義、作成、変更、削除できます（図8-13）。

Terraformでクラウド環境を構築する

Terraformでクラウド環境を構築する手順は次の通りです（図8-14）。

❶プロジェクトディレクトリに移動し、「terraform init」のコマンドでTerraformを初期化する

❷ルートディレクトリにTerraform定義ファイル（*.tf）を作成する

❸クラウドプロバイダ、認証情報や接続設定を定義ファイルに記述する。以下がプロバイダ指定の記載例

```
provider "aws" {
  region = "us-west-2"
}
```

❹リソースの設定を定義ファイルに記述する。以下がEC2の記載例

```
resource "aws_instance" "example" {
  ami           = "ami-00000000000000000"
  instance_type = "t2.micro"
}
```

❺「terraform plan」のコマンドでリソースの構築プランに意図しない影響や問題がないか確認する

❻リソースの構築プランが計画通りであることを確認した後で、「terraform apply」のコマンドでクラウド環境を構築する

図8-13 IaCツールであるTerraformのしくみ

● 宣言型言語
（インフラの状態を定義するだけでインフラを構築可能）

サーバー　　　ネットワーク　　　ストレージ

● クラウドプロバイダ（AWS、Azure、Google Cloudなど）やオンプレミスの環境を、
一貫性のある方法で定義、作成、変更、削除

Google Cloud　…

図8-14 Terraformでのクラウド環境の構築手順

Step 1 init
プロジェクトディレクトリに移動し、「terraform init」のコマンドでTerraformを初期化

Step 2
ルートディレクトリにTerraform定義ファイル（*.tf）を作成

Step 3
クラウドプロバイダ、認証情報や接続設定を定義ファイルに記述
…プロバイダ指定の記載例：
```
provider "aws" {
    region = "us-west-2"
}
```

Step 4
リソースの設定を定義ファイルに記述
…EC2の記載例：
```
resource "aws_インスタンス" "example" {
    ami         = "ami-00000000000000000"
    インスタンス_type = "t2.micro"
}
```

Step 5 plan
「terraform plan」のコマンドでリソースの構築プランに意図しない影響や問題がないか確認

Step 6 apply
リソースの構築プランが計画通りであることを確認した後で、「terraform apply」のコマンドでクラウド環境を構築

 **Point**

🖊 宣言型言語のTerraformを利用するとインフラの状態を定義し、コマンドだけでインフラを構築できる

🖊 「terraform plan」のコマンドでリソースの構築プランに意図しない影響や問題がないか確認できるため、リソースの一貫性を保てる

Ansibleを使用したIaCでの OSやミドルウェアコントロール

IaCツールであるAnsible

Ansibleは、オープンソースの構成管理ツールです。**Ansibleはサーバーのセットアップや構成管理の他、アプリケーションのデプロイメント、ネットワーク機器の設定、セキュリティパッチの適用など、多岐にわたる用途で使用できます。**多くの場合、AnsibleとTerraformを組み合わせて使うことで、効果的なインフラ管理と自動化を実現します（図8-15）。

Ansibleはサーバーやネットワーク機器の遠隔操作を行いますが、適切な鍵管理やアクセス制御を行って、認証情報や機密情報を適切に管理する必要があります。

AnsibleでOSやミドルウェアを構築する

AnsibleでのOSやミドルウェアの構築手順は次の通りです（図8-16）。

❶ **プロジェクトディレクトリにAnsible Playbookファイルを作成する**
❷ **Ansible Playbook内で使用するインベントリを指定する**
❸ **Playbook内で、設定したいタスクをAnsibleのモジュールを使用して定義する。モジュールはOS設定やミドルウェアのインストールなどの特定のタスクを実行する。下記が記載例**

```
- name: Install Apache
  hosts: web_servers
  tasks:
    - name: Install Apache
      apt:
        name: apache2
        state: present
```

❹ **「ansible-playbook {playbookファイル名}」のコマンドを実行し、対象サーバーにOSやミドルウェアを自動設定する**

図8-15　**IaCツール「Ansible」の用途と利用時の注意点**

ANSIBLE　　サーバー　　アプリ　　ネットワーク　　セキュリティ

オープンソースの構成管理ツール

 用途
- サーバーのセットアップや構成管理
- アプリケーションのデプロイメント
- ネットワーク機器の設定
- セキュリティパッチの適用

etc.

⚠️ **注意**

Ansibleはサーバーやネットワーク機器の遠隔操作を行うため、適切なセキュリティ対策（鍵管理、アクセス制御、認証情報や機密情報の管理）を講じることが重要

図8-16　**AnsibleでのOSやミドルウェアの構築手順**

 Step 1　プロジェクトディレクトリにタスクと手順のリストを含むAnsible Playbookファイルを作成

 Step 2　Ansible Playbook内で使用するホストのリスト（インベントリ）を指定

 Step 3　Playbook内で、設定したいタスクをAnsibleのモジュールを使用して定義

記載例：
```
- name: Install Apache
  hosts: web_servers
  tasks:
    - name: Install Apache
      apt:
        name: apache2
        state: present
```

 Step 4　「ansible-playbook {playbookファイル名}」のコマンドを実行し、対象サーバーにOSやミドルウェアを自動設定

Playbook

Point

✏️ Ansibleは、サーバーのセットアップや構成管理の他、アプリケーションのデプロイメント、ネットワーク機器の設定、セキュリティパッチの適用など、多岐にわたる用途で使用可能

✏️ AnsibleのPlaybookにタスクと手順を記述すると、対象サーバーにOSやミドルウェアが自動設定できる

≫ Kubernetes、Helmを使用した IaCでのコンテナコントロール

KubernetesとHelm

Kubernetes（K8s）は、**コンテナ化されたアプリケーションのデプ ロイメント、スケーリング、管理、およびオーケストレーションを行うオ ープンソースプラットフォーム**です。

Helmは、**K8sアプリケーションのパッケージング、配布、管理を簡素 化するツール**です。これを使用すると、アプリケーションのリソース（コ ンテナ、サービス、ポッドなど）をカスタマイズ可能なテンプレートとし てパッケージングし、効率的に繰り返しデプロイできます。

K8sとHelmを組み合わせることで、コンテナ化されたアプリケーショ ンの効率的なデプロイメントと運用を実現できます（図8-17）。

K8sとHelmでのIaCでのOSやミドルウェアのコントロール

K8sとHelmでのOSやミドルウェアのコントロール手順は次の通りです （図8-18）。

①デプロイメントのマニフェストを作成する

②コンテナにアクセスするためのサービスを定義する

③リソースを適切なネームスペースにデプロイする

④「kubectl apply -f」コマンドを実行し、K8sクラスター内にリソー スを展開する

⑤Helmテンプレート内でコンテナのデプロイメントやサービス、 ConfigMapなどを定義する

⑥Helmチャート内のパラメータをカスタマイズする

⑦「helm install」コマンドを使用してHelmチャートをK8sクラスター 内にリソースとしてデプロイする

図8-17　K8sとHelmの用途

K8sの用途	コンテナ化されたアプリケーションのデプロイメント、スケーリング、管理、およびオーケストレーションを行う
Helmの用途	● K8sアプリケーションのパッケージング、配布、管理を簡素化 ● アプリケーションのリソース（コンテナ、サービス、ポッドなど）をカスタマイズ可能なテンプレートとしてパッケージングし、効率的に繰り返しデプロイできる

K8sとHelmを組み合わせることで、コンテナ化されたアプリケーションの効率的なデプロイメントと運用を実現可能

図8-18　K8sとHelmを使用したIaCでのOSやミドルウェアコントロール手順

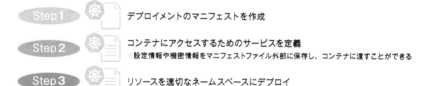

Step1 デプロイメントのマニフェストを作成

Step2 コンテナにアクセスするためのサービスを定義
設定情報や機密情報をマニフェストファイル外部に保存し、コンテナに渡すことができる

Step3 リソースを適切なネームスペースにデプロイ

Step4 apply 「kubectl apply -f」コマンドを使用してマニフェストファイルを適用し、K8sクラスター内にリソースを展開

Step5 Helmテンプレート内でコンテナのデプロイメントやサービス、ConfigMapなどを定義

Step6 Helmチャート内のパラメータをカスタマイズ

Step7 helm install 「helm install」コマンドを使用してHelmチャートをリソースとしてデプロイし、K8sクラスター内にリソースをデプロイ

Point

▱ K8sは、コンテナ化されたアプリケーションのデプロイメント、スケーリング、管理、およびオーケストレーションを行うオープンソースプラットフォームである

▱ Helmは、K8sアプリケーションのパッケージング、配布、管理を簡素化するツールである

▱ K8sとHelmを組み合わせることで、コンテナ化されたアプリケーションの効率的なデプロイメントと運用を実現できる

やってみよう

第8章では、IaC（Infrastructure as Code）の概要、インフラ環境の自動化構築・管理を実現するためのいくつかのIaCツールを紹介しました。

IaCとはインフラストラクチャーをコードとして扱い、自動化ツール・プロセスを利用してインフラ環境をプロビジョニング・構築・管理する手法です。IaCを活用する際には、自動化と再現性、可読性と保守性、再利用性、問題の早期発見と修正という4つの原則があります。IaCを利用することで、大量のアプリケーションとインフラを迅速にデプロイし、IT環境全体の一貫性を確保し、コストを削減して得た資金をビジネスに再投資できるようになります。

しかし、システム要件に合わせて適切なIaCツールを選び、実現方式を考える必要があります。

下記にいくつかのシステム要件例を挙げたので、第8章の内容を思い出しながら、どのIaCツールが最適かを考えてみましょう。

要件

> ❶コンテナ仮想化技術を利用してローカル検証環境を構築する
>
> ❷インフラ状態を定義してインフラを自動構築する
>
> ❸サーバーの構成とその中のアプリケーションのデプロイメントを自動化する
>
> ❹コンテナ化されたアプリケーションのオーケストレーションを行う

実現方式

> **Docker**……要件［　］の実現に最適
>
> **Terraform**……要件［　］の実現に最適
>
> **Ansible**……要件［　］の実現に最適
>
> **K8s**（Kubernetes）……要件［　］の実現に最適

仮想化環境の使い方

～クラウド環境における仮想化サービスの使い方～

≫ 従来構成の再現～IaaS～

従来のWeb3階層の実現方法

　Web3階層とは、**クライアントからのリクエストをユーザーインタフェースとなるプレゼンテーション層（Webサーバー）、処理を実行するアプリケーション層（APサーバー）、データ管理を行うデータベース層（DBサーバー）の3階層に分けて処理する構造のこと**です（図9-1）。

　WebサーバーとDBサーバーの2階層を用いた従来の構造より、Web3階層はフロントエンドとバックエンドを別々に実装することによってクライアントからの処理を負荷分散し、保守の効率を向上させます。

　従来の構造では、サーバー障害に備えるためのバックアップサーバーや、負荷分散するためのロードバランサー、セキュリティ対策のためのファイアウォールを設置する必要があり、システムの規模が大きいほど設置が煩雑になるため、大きな設置・保守コストが伴います。

Web3階層をIaaS構成で実現してみる

　Web3階層をIaaSで構築すると、**柔軟かつ効率的なインフラ構造、保守作業の軽減が実現できます。**

　ここでAWSのIaaSの構成例を紹介します（図9-2）。

　まずプレゼンテーション層について、クライアントからのリクエストをELBで負荷分散し、リクエストの受付先として複数台のEC2（Webサーバー）を設置します。次に、アプリケーション層では、複数台のAPサーバーを構築し、その手前にELBを設置し、負荷分散を行います。違いとして、APサーバーはプライベートサブネットに設置するため、インターネットからの攻撃を防げます。最後に、データベース層では、マルチAZ構成のRDS（**9-5**参照）を利用します。APサーバーと同様にプライベートサブネットに設置するため、データの安全性を保てます。サーバーやRDSが冗長化構成のため、片方のAZで障害が発生しても、もう1つのAZでシステムが稼働し続けます。

図9-1　Web2階層構造とWeb3階層構造

従来のWeb3階層の実現方法

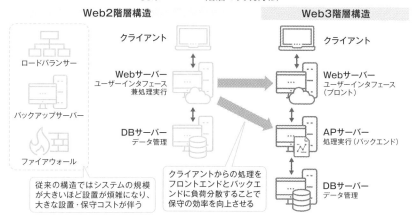

Web2階層構造

クライアント

Webサーバー
ユーザーインタフェース
兼処理実行

DBサーバー
データ管理

ロードバランサー

バックアップサーバー

ファイアウォール

従来の構造ではシステムの規模が大きいほど設置が煩雑になり、大きな設置・保守コストが伴う

Web3階層構造

クライアント

Webサーバー
ユーザーインタフェース
（フロント）

APサーバー
処理実行（バックエンド）

DBサーバー
データ管理

クライアントからの処理をフロントエンドとバックエンドに負荷分散することで保守の効率を向上させる

図9-2　Web3階層のIaaSの構成例

Web3階層をIaaS構成で実現してみる

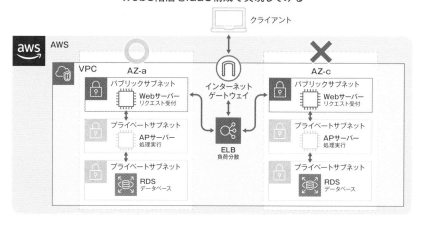

クライアント

aws AWS

VPC　AZ-a

パブリックサブネット
Webサーバー
リクエスト受付

プライベートサブネット
APサーバー
処理実行

プライベートサブネット
RDS
データベース

インターネット
ゲートウェイ

ELB
負荷分散

AZ-c

パブリックサブネット
Webサーバー
リクエスト受付

プライベートサブネット
APサーバー
処理実行

プライベートサブネット
RDS
データベース

Point

- クライアントからのリクエストを、プレゼンテーション層、アプリケーション層、データベース層に分けて処理する構造がWeb3階層である
- Web3階層をIaaSで構築すると、柔軟かつ効率的なインフラ構造、保守作業の軽減が実現可能

» IaaSを使ってみる①
ネットワーク

仮想的なデータセンター（VPC）

VPC（Virtual Private Cloud）とは、AWSアカウント内で作成できる**プライベート仮想ネットワーク空間**です。**VPCを複数作成し、VPC Peeringなどで VPC間を接続することも可能です。**CIDRが決まればVPCを数分で構築できます。インターネットからのアクセスを可能にするインターネットゲートウェイ、インターネットに通信するNATゲートウェイ、通信を制御するネットワークACLなどのVPC機能があります（図9-3）。

パブリックサブネットとプライベートサブネット

サブネットとはVPCのCIDRを分割したもので、**ネットワーク要件に合わせてサブネット単位で管理できます**（図9-4）。よくあるのは、インターネットからアクセスできるサブネットにWebサーバーを構築し、インターネットから直接アクセスできないサブネットにAPサーバーとDBサーバーを配置するユースケースです。

サブネットがインターネットゲートウェイからの通信を許可しているかどうかは、パブリックとプライベートのサブネットの違いです。

IaaSネットワークの基本構成

よくあるAWSのIaaSのネットワーク構成を紹介します（図9-4）。

VPC内でサブネットをパブリックとプライベートに分け、パブリックサブネットにWebサーバー、プライベートサブネットにAPサーバーとDBサーバーを配置します。パブリックサブネットではインターネットゲートウェイからのアクセスを許可します。APサーバーとDBサーバーのパッチを適用する必要があるため、パブリックサブネットにサーバーゲートウェイを配置し、ルートテーブルでNATゲートウェイへのアウトバウンド通信を許可します。

図9-3　押さえておきたいAWSネットワークの要素

	説 明
CIDR	クラスを使わないIPアドレスの割当と経路情報の集約を行う技術 ※記載例：10.0.0.0/16
インターネットゲート ウェイ	インターネットからの通信を可能にする
NATゲートウェイ	インターネットへの通信を可能にする ※プライベートサブネットにあるサーバーのパッチ適用によく利用する
ネットワークACL	ネットワークアクセスコントロールリストと呼ばれ、サブネットレベルで特定 のインバウンドまたはアウトバウンドのトラフィックを許可または拒否する

図9-4　AWSのIaaSネットワークの構成例

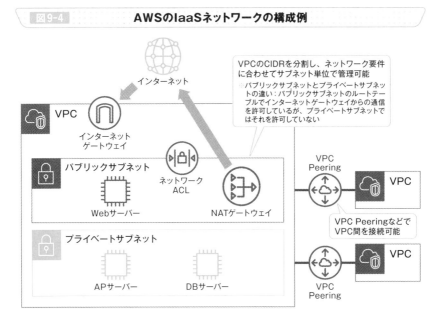

VPCのCIDRを分割し、ネットワーク要件
に合わせてサブネット単位で管理可能

※パブリックサブネットとプライベートサブネットの違い：パブリックサブネットのルートテーブルでインターネットゲートウェイからの通信を許可しているが、プライベートサブネットではそれを許可していない

VPC Peeringなどで
VPC間を接続可能

Point

✎ VPCによって、プライベート仮想ネットワーク空間で、複数のVPC間を
接続して管理できる

✎ ネットワーク要件に合わせてVPCをサブネットに分割し、サブネット
単位で管理可能である

» IaaSを使ってみる②
サーバー

仮想サーバー（Amazon EC2）の特徴

　EC2（Elastic Compute Cloud）は、AWSが提供する仮想サーバーサービスです。オンプレミスとは違い、物理サーバーの構築が不要で、AWSコンソールで操作するだけで手軽に仮想サーバーが構築できます。

　EC2の特徴として、**インスタンス数とサイズを随時調整できる柔軟性、簡単にインスタンスを操作できる効率性、グローバルな可用性と冗長性**が挙げられます。Webサイトホスティング、アプリケーション実行、データベース管理など多様な用途をサポートします（図9-5）。

仮想サーバー（Amazon EC2）の種類

　EC2には3つの購入オプションがあります（図9-6）。初期費用なし、従量課金のオンデマンド型、1年または3年利用を予約するリザーブド型、未利用のEC2キャパシティを時価で提供するスポット型です。よくあるのは、構築時はスモールスタートでオンデマンド型を利用し、性能テストの結果に合わせて妥当なリザーブド型に変更するケースです。しかし、リザーブドからオンデマンドに変更できないことと、スポット型を選択する場合、余剰リソースがなくインスタンスが利用できない恐れがあります。

仮想サーバー（Amazon EC2）利用の流れ

　ここでEC2を利用する流れを紹介します（図9-7）。

　EC2の作成画面で、**Amazon Marketplaceから必要なOSのマシンイメージ（AMI）を選択する**と、ソフトウェア構成を記録したテンプレートが適用されます。AMI選定時に、インスタンスタイプとの互換性、提供元やベンダーの評判、利用条件とライセンスなどの確認が必要です。次に、インスタンスタイプを選びます。**EC2のインスタンスファミリー、世代数、インスタンスサイズを選んでEC2を簡単に起動できます。**

図9-5　仮想サーバー（Amazon EC2）のメリット

物理サーバーの
構築不要

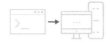
コンソールから
サーバーの構築可能

インスタンス数とサイズを
随時調整

簡単にインスタンスを
起動・停止・終了可能

グローバルな
可用性と冗長性

Webサイトホスティング、アプリケーション実行、
データベース管理など多様な用途をサポート

図9-6　仮想サーバー（Amazon EC2）の購入オプション

オンデマンド型

初期費用なし、従量課金

リザーブド型

● 1年または3年利用を事前予約
● リザーブドからオンデマンドに
　変更不可

スポット型

● 未利用のEC2キャパシティを時価
　で利用
● 余剰リソースがなくインスタンス
　が利用できない恐れがある

図9-7　Amazon MarketplaceのAMIを利用したAmazon EC2の起動の流れ

Point

🖋 仮想サーバーには、インスタンス数とサイズを随時調整可能、簡単にインスタンスを操作可能、グローバルな可用性と冗長化が実現可能という特徴がある

🖋 Amazon MarketplaceでEC2作成に必要なAMIを利用し、要件に合わせてインスタントタイプとサイズを選べる

» IaaSを使ってみる③ ストレージ

サーバーブロックストレージ（Amazon EBS）の特徴

IaaSのストレージには主にブロック型、オブジェクト型、ファイル型の3つに分けられます（図9-8）。それぞれについて見ていきます。

EBS（Elastic Block Store）は、**EC2インスタンスに接続される永続的なブロックストレージサービス**です。インスタンスの停止や再起動に関係なくデータが保持され、高性能型などさまざまなタイプがあります（図9-9）。

オブジェクトストレージ（Amazon S3）の特徴

S3（Simple Storage Service）はAWSが提供する**オブジェクトストレージサービスで、大容量データを扱うのに最適**です。データのアクセス頻度やコスト要件に合わせてS3のストレージクラスとライフサイクルを設定します（図9-10）。

ファイルストレージ（Amazon EFSとAmazon FSx）の特徴

EFS（Elastic File System）は複数のEC2インスタンスから同時にアクセスできる**共有ファイルシステム**で、自動スケーラビリティと高い耐久性が特徴です。FSxは、高パフォーマンスと高信頼性を備えた**フルマネージドなファイルシステム**です。Windowsベースのファイル共有や高パフォーマンスコンピューティングに最適です。

ストレージサービス利用時の注意点

ストレージサービスを選定する際に、まずはアプリケーションのストレージ要件（データ容量、パフォーマンス、可用性、耐障害性など）を確認します。次に、**要件に合ったストレージタイプを決め、パフォーマンスや可用性の観点から最適なストレージサービスを選定します**。

図9-8　クラウドでのストレージサービスの種類と特徴

 ブロック型 オブジェクト型 ファイル型

 EBS

 S3

 EFS
複数のEC2から同時にアクセスできる共有ファイルシステム

 FSx
フルマネージドなファイルシステム

EBSはEC2の停止や再起動に関係なくデータが保持される

 EC2

バックアップデータなどの大容量データを扱うには最適

ライフサイクル機能も提供されている

自動スケーラビリティ

高耐久性

高パフォーマンス

高信頼性

図9-9　EBSの種類

高性能
最大64,000IOPSものデータを読み書きできる

一般的なワークロード
3,000IOPSが保証されている

高スループット
IOPSは低いがスループットのコストパフォーマンスは一番高い

低コスト
一番低コストで使用できる

図9-10　S3ストレージクラスの種類

Standard	Standard Infrequent Access	One Zone Infrequent Access	Glacier Instant Retrieval	Glacier Flexible Retrieval	Glacier Deep Archive	Intelligent Tiering	Outposts
アクセス頻度の高いデータ向け	●アクセス頻度が低いデータ向け ●バックアップなどに適している	アクセス頻度が低く、耐障害性が低くても構わないデータ向け	アクセスがほぼなく、即時に取り出しが必要な長期保存データ向け	アクセスがほぼなく、即時の取り出しを必要としない長期保存データ向け	アクセスがほぼなく、取り出しに長時間かかってもよい長期保存データ向け	アクセスパターンが予測できないデータ向け	オンプレミスで保存したいデータ向け

Standardのパフォーマンスが10倍向上し、リクエストコストを50%抑えられる低レイテンシストレージクラス「Amazon S3 Express One Zone」が新たに発表された

Point

- AWSでは、EC2にアタッチするブロックストレージ（EBS）、大容量データを保管するオブジェクトストレージ（S3）、共有ファイルシステム（EFS）とフルマネージドファイルシステム（FSx）が利用可能である
- データ容量、パフォーマンス、可用性、耐障害性などの要件に合ったストレージサービスを選定する必要がある

クラウドネイティブ①データベース

マネージドデータベースの概要 （AWSサービスを例として）

クラウドベンダーがリレーショナル型、NoSQL型、データウェアハウス型、グラフ型、インメモリ型など多様なマネージドデータベースのサービスを提供しています（図9-11）。マネージドサービスのため、**利用者は状況に合わせてサービスを利用し**、管理コストや作業時間を大幅に節約可能です。

RDS（Relational Database Service）は、MySQL、PostgreSQLなどのエンジンをサポートしているマネージドリレーショナルデータベースで、データの正確性や一貫性を担保するため、トランザクション処理や関係データの保持に適しています。NoSQLデータベースはリレーショナル型以外のデータベースの総称です。データの格納・読み出しを大量かつ高速に行えるため、リアルタイム入札や在庫追跡でよく利用されています。DynamoDBはAWSが提供しているNoSQLデータベースの1つです。DynamoDBはサーバレスサービスとの統合が容易で、AWS Lambdaなどの他のAWSサービスと組み合わせて利用されることが多いです。

上記以外に、ペタバイト規模のデータ分析やレポート作成用のデータウェアハウスサービスであるRedshift、グラフデータの保存・クエリ用のグラフデータベースであるNeptune、データへの高速なアクセス用のインメモリデータベースであるElasticCacheなどあります。

データベースサービスの接続先

AWSのサービスに接続するには、サービスエンドポイントURL情報が必要です。図9-12は、RDSのエンドポイントURL例です。

データベースごとに異なりますが、一般的にはエンドポイント以外に**接続用ポート番号や接続に使用する認証情報が必要**です。

図9-11 クラウド上のデータベースの種類と特徴

サービス	種　類	特徴／用途
RDS	リレーショナル型	データの正確性や一貫性があるため、トランザクション処理や関係データの保持に適している ※サポートエンジン：MySQL、PostgreSQLなど
DynamoDB	非リレーショナル型	データの格納・読み出しを大量かつ高速に行えるため、リアルタイム入札や在庫追跡でよく利用される
Redshift	データウェアハウス型	ペタバイト規模のデータ分析やレポート作成に適する
Neptune	グラフ型	グラフデータの保存・クエリに適する
ElastiCache	インメモリ型	データへの高速なアクセスに適する

図9-12 RDSのデータベースエンドポイントの例

データベースエンドポイント例

database-1-インスタンス
-1.123456789012.us-east-1.rds.amazonaws.com
　DB識別子：database-1-インスタンス-1
　リージョン：us-east-1
　DBサービス：rds

> AWSのサービスに接続するには、サービスエンドポイントURL情報が必要
> ※データベースごとに異なるが、一般的にはエンドポイント以外に、接続用ポート番号や接続に使用する認証情報が必要

Point

- クラウドベンダーがリレーショナル型、NoSQL型など多様なマージドデータベースサービスを提供しており、利用者は状況に合わせて利用することができる
- AWSのサービスへ接続する際に、エンドポイントとポート番号、認証情報が必要である

クラウドネイティブ②
関数

関数実行サーバーレスサービス（AWS Lambda）の特徴

Lambdaは**処理の時間だけ関数を起動する**AWSのサーバーレスコンピューティングサービスです。OSなどのインフラストラクチャーの管理はAWSが対応しているため、利用者は**関数コードを登録するだけで実行できます**。関数処理時間だけ課金されるため、インフラストラクチャーの運用コストを削減できます（図9-13）。

AWS Lambdaの使い方

LambdaはJava、Ruby、Python、Node.js、.NET、Goなどのランタイムをサポートし、外部ライブラリを共有できる機能を備えている**イベント駆動型の関数実行サービスです**。イベントを実行するためには、**トリガーを設定する必要があります**。トリガーは同期と非同期呼び出しの2種類があります。APIゲートウェイや手動実行が同期呼び出しトリガーに該当します。1回実行の同期呼び出しとは違い、非同期呼び出しではLambda側から定期的にポーリングして、イベントが発生するたびに処理が実行されます。S3をトリガーとした非同期呼び出しの例を図9-14に記載しています。

AWS Lambda利用時の注意点

Lambda関数が他のAWSサービスを操作できるようにするために、適切な権限（必要最小限の権限）のあるIAMロールをLambda関数に関連づける必要があります。

Lambdaの利用には制限があります。1回の実行につき15分までという**起動時間の制限**があり、長時間の処理は実行を分割するなどの設計が必要です。また、関数の呼び出し回数が同一アカウントの同一リージョン内で1,000までという**同時実行数の制限**があります。これは、上限緩和申請などで解決可能です（図9-14）。

図 9-13
AWS Lambdaの特徴

イベント駆動の
関数実行サービス

コード ⇕ 利用者

インフラストラクチャー ⇕ ベンダー
提供

利用者は関数コードを
登録するだけで実行可能

関数処理時間
だけ課金

Java、Ruby、Python、Node.js、.NET、Goなどのランタ
イムをサポートし、外部ライブラリを共有できる機能も備え
ている

図 9-14 AWS Lambdaの使い方（同期呼び出しと非同期呼び出し）

同期呼び出し

1回実行

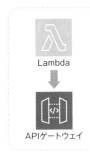

Lambda

APIゲートウェイ

非同期呼び出し
Lambda側から定期的にポーリングして、
イベントが発生するたびに処理が実行される

Lambda

CloudWatch Events

S3

Step Functions

1 S3のファイルアップロードをトリガーにデータ処理を行える
2 ファイル読み込み、編集、データベース登録の一連の処理を定義してバッチ処理を行える

⚠ 注意
● 適切なIAM権限を設定する必要がある
● 利用制限を確認する（例：関数起動時間の制限、同時実行数の制限など）

Point

✔ Lambdaは関数実行サーバーレスコンピューティングサービスで、関数
コードを定義しておくだけで、関数を実行可能である

✔ Lambdaはイベント駆動型のため、トリガーを設定する必要がある

✔ Lambdaの利用には起動時間と同時実行数の制限がある

» クラウドネイティブ③ ジョブ

ジョブ実行制御サービス (AWS Step Functions) の説明

Step Functions は**AWSが提供するマネージドワークフローサービス**です。AWSの独自言語であるASL（Amazon States Language）で**ワークフローを定義すれば、一連の処理を可視化・実行制御できます。**分岐処理や繰り返し処理でアプリケーションを分離でき、アプリケーションの修正がより簡単にできます（図9-15）。

Step Functions は Lambda、Batch、S3 など数多くの AWS サービスとの連携をサポートしています。既存の AWS サービスがある場合でも Step Functions を導入することが可能です。バッチ処理のような決まった日時でまとまった処理を実行したり、機械学習のようなデータを一連の流れで加工したりするのが Step Functions のよくあるユースケースです。

AWS Step Functions利用時の注意点

Step Functions を実行する際に、ワークフローの各ステップの利用コンピューティング環境は AWS が提供し、**各ステップの処理負荷に合わせてステップの実行環境も自動的にスケーリングされます。**しかし、Step Functions は従量課金のため、ワークフロー設計のミスで実行時間が長くなると大量な料金が発生する恐れがあります。

1つの Step Functions の定義全体はステートマシンと呼ばれます。**ステートマシンを最適化してコストを管理する必要があります**（図9-16）。具体的には、ワークフローの実行時間を短縮し、他の AWS サービスのイベントをトリガーに設定して実行を必要最小限にし、ログや実行履歴を監視して問題を手早く解決するなどです。

Step Functions の可用性は99.9%と AWS が保証しています。しかし、これは AWS が Step Functions サービスそのものの利用可能な状態を保証するだけなので、ワークフロー自体の可用性については利用者側で担保する必要があります。

図9-15 **AWS Step Functionsのしくみ**

Step Functions

Start ➡ タスク1 ➡ タスク2 ➡ タスク3 ➡ End

特徴

- AWSの独自言語であるASL（Amazon States Language）を利用してワークフローを定義すれば、一連の処理を可視化・実行制御できる
- 分岐処理や繰り返し処理でアプリケーションを分離可能なため、アプリケーションの修正がより簡単にできる
- 決まった日時でまとまった処理を実行したり、データを一連の流れで加工したりすることができる

ジョブの実行環境

 Lambda   S3   Batch …

Lambda、Batch、S3などの数多くのAWSサービスと連携可能
既存のAWSサービスがある場合でもStep Functionsを導入可能

図9-16 **AWS Step Functions利用時の注意点**

Step Functions
ステートマシン

ワークフローを定義

Start ➡ タスク1 ➡ End

Step Functionsは従量課金のため、ワークフロー設計の考慮不足で実行時間が長くなると大量な料金が発生する恐れがあるため、次の対策が必要

ワークフローの実行時間を短縮する

他のAWSサービスのイベントをトリガーに設定して実行を必要最小限にする

ログや実行履歴を監視して問題を手早く解決する

Point

- Step Functions はAWSが提供するマネージドワークフローサービスで、定義した条件に基づきジョブを可視化・実行制御できる
- Step Functions実行時に、ワークフローの各ステップの処理負荷に合わせてステップの実行環境も自動的にスケーリングされる
- Step Functions利用時に、ステートマシンを最適化してコストを管理する必要がある

やってみよう

AWS環境でWeb3階層を実現してみよう

第9章では、クラウドベンダーが提供しているIaaS（Infrastructure as a Service）サービスとクラウドネイティブサービスを紹介しました。

下記は、クラウド環境でWeb3階層を実現する構成例です。どのようなIaaSサービスとクラウドネイティブサービスが利用されているか、それぞれの利用目的を考えてみましょう。

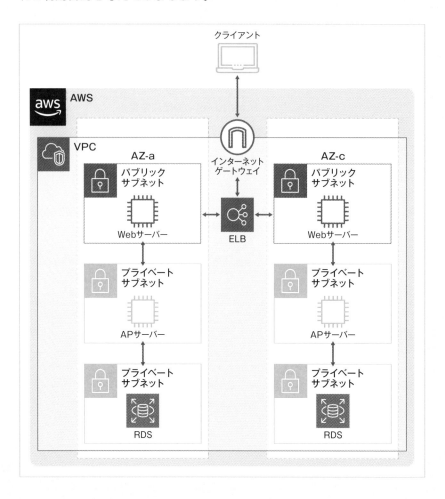

第10章

設計方法・移行方法と注意ポイント

～落とし穴、トラブルシューティング、注意ポイントと引っ越し方法～

》 仮想化の落とし穴

仮想化するときは隣人に注意しよう

　仮想化環境は、**1つの物理マシンを複数の仮想マシンで共用します。** そのような仮想化環境を利用する際に注意しなければいけないのが、「ノイジーネイバー」（騒々しい隣人）です。

　仮想化環境における「ノイジーネイバー」とは、仮想化のホストサーバーとなる同一の物理マシン上でリソースを分け合って稼働している別の仮想マシンで、かつ過剰にリソースを消費している仮想マシンのことを指します（図10-1）。同一の物理マシン上に「ノイジーネイバー」が存在していると、必要なリソースを利用できなくなり、処理速度の低下などの問題を発生させる恐れがあります。

　このような事態を未然に防止するために、仮想化環境の機能では、あらかじめ利用可能なリソースの上限を決められます。これは、一般的にサービスクォータと呼ばれています。この機能を適切に設定することで、一部の「ノイジーネイバー」による他の仮想マシンへの影響を防止できます。また、仮想マシンのリソースの使用状況などを監視しておくことでも、異常な事態に素早く気づき対処できるようになります。

仮想化するときはライセンスに注意しよう

　仮想化環境では、ライセンスの種類や購入数に気をつける必要があります（図10-2）。物理環境で利用していたものを仮想化環境に移行する際には、ライセンスの種類を変えたり、数量を増やしたりする必要が生じる場合があります。これを十分に確認せず、**ライセンスが違反状態になると大きな問題になるため、注意が必要です。** 例えば、Windowsサーバーは、ライセンスの種類によって、1ライセンスで実行可能な仮想マシンの数が違います。そのため、複数の仮想マシンを実行する際には、それに応じてライセンスを追加購入する必要があります。ライセンス購入の考え方は複雑なため、**不明時はライセンス提供ベンダーに確認してください。**

図10-1　仮想化環境のノイジーネイバー現象

テナント1	テナント2	テナント3
仮想マシン	仮想マシン	仮想マシン
アプリ	アプリ	アプリ
MW	MW	MW
ゲストOS	ゲストOS	ゲストOS

過剰にリソースを消費

LIMIT

ベンダー側で利用可能なリソースの上限（クォータ）を決めている

必要なリソースが利用できないため、性能劣化が発生
・防止策：リソース使用状況を監視

ハイパーバイザー

物理マシン

図10-2　オンプレミスから仮想化環境へ移行時のライセンス利用の注意点

オンプレミス環境

仮想化環境

⚠️ 注意：
ライセンスの種類の変更が必要な場合

仮想化環境　　仮想化環境

⚠️ 注意：
ライセンスの数量を増やす必要がある場合

Point

- 仮想化環境は1つの物理マシンを複数の仮想マシンで共用するため、物理環境とは異なり、ノイジーネイバーなどの対策にも留意する必要がある
- ライセンス違反は大問題となるため、不明時は適宜ベンダーに確認が必要

仮想化環境の トラブルシューティング方法

仮想化環境のトラブル切り分け方法

仮想化環境でトラブルが発生した場合には、どこから調査すればよいでしょうか。ここでは、仮想化環境のトラブル切り分けの流れを説明します。システムごとに最適な方法へとチューニングが必要ですが、ベースとする流れは次の通りです（図10-3）。

まずはトラブルが発生した仮想マシンで起きた事象を確認します。**イベントログやアプリケーションログなどからどのような問題が生じたのかを確認し**、その異常なメッセージに応じて対応を行います。

特に異常なメッセージがなかった場合は、トラブルが発生した仮想マシンの**リソース状態を確認します。**次に、仮想マシンのリソース不足がシステムの正常利用に影響を与えていないかチェックします。さらに、必要に応じてノイジーネイバーの有無を検証します。

特に仮想マシンのリソース状態に異常がない場合は、トラブルが発生した仮想マシンが稼働する物理マシンのリソース状態を確認します。**ホストサーバーもしくは他のノイジーネイバーにより、該当する仮想マシンに悪影響が生じていないかを確認します。**

仮想化環境のトラブル解決手法

仮想化環境で発生したトラブルを解決する方法は、具体的な問題によって異なりますが、一般的には次のような方法がとられます（図10-4）。

- **製品アップデート・パッチの適用**
- **仮想マシンの設定の修正**
- **仮想マシンや物理マシンの再起動**

これらの手法は、発生した問題の原因を特定し、最適な解決策を適用することで、仮想化環境の安定性と性能を保つために重要です。

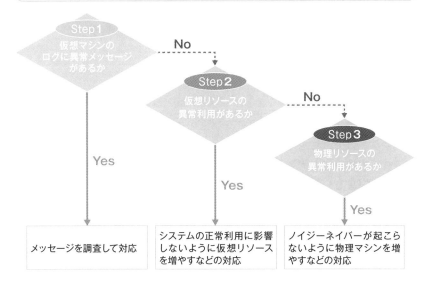

図10-3 仮想化環境のトラブル切り分けの流れ

| Step1 仮想マシンの ログに異常メッセージ があるか | No → | |
| Step2 仮想リソースの 異常利用があるか | No → | Step3 物理リソースの 異常利用があるか |

Yes ↓ | Yes ↓ | Yes ↓

| メッセージを調査して対応 | システムの正常利用に影響しないように仮想リソースを増やすなどの対応 | ノイジーネイバーが起こらないように物理マシンを増やすなどの対応 |

図10-4 仮想化環境のトラブルを解決する際にとられる手法

解決手法	説明
製品アップデート・パッチの適用	製品にバグなどの問題がある場合は、最新のアップデートやパッチを適用することで解決することがある
仮想マシンの設定の修正	設定に誤りがある場合や、必要なリソースが不足している場合には、その調整を行うことで問題が解決することがある
仮想マシンの再起動、物理マシンの再起動	仮想マシンが無応答状態になったり、アプリケーションがクラッシュ状態であったりする場合に再起動で解決することがある ※物理マシンを再起動する場合は、他の仮想マシンにも影響が発生するため、仮想マシンを別の物理マシンに移動させるなどの注意が必要

Point

- 仮想化環境でトラブルが発生した場合には、まずは問題が起きた仮想マシンのログやリソース状態を確認する
- 仮想化環境のトラブルシューティングでは、ホストサーバーもしくは他のノイジーネイバーにより、該当する仮想マシンに悪影響が生じていないかを確認する必要がある

≫ 物理が有効な利用シーン

物理システムが有効な場面

　仮想化環境では、1台の物理マシン上で複数の仮想マシンを効率よく利用できる一方で、注意すべき点もあることを説明してきました。

　これらの注意点を考慮した際に、**利用条件によっては次のように物理環境の方が好ましいケースもあります**（図10-5）。

❶**特定のハードウェア機能を必要とするとき**……特殊なネットワークカードが必要な場合や、他のマシンと共用が難しいようなハードウェアを利用する必要がある場合

❷**特定のソフトウェア機能を必要とするとき**……ホストサーバー上でしか動かせないソフトウェアや、仮想マシン上での利用が保証されていないソフトウェアを使用する場合。また、仮想化環境で利用する場合に、物理サーバーに搭載された全CPU数分のライセンス購入が必要なソフトウェアを利用する場合には、仮想化環境にすることでコストが大幅増となる可能性がある

❸**高い性能を求められるとき**……1台のマシン（OS）で高い性能を求められるようなシステムでは、物理環境の方が有効

❹**高いセキュリティが求められるとき**……独立性を持った高いセキュリティが求められる場合には複数の仮想マシンを同じホストサーバー上で動かすことには向かない

物理システムも所有から利用に変えられる

　仮想化環境などクラウド型のサービスを利用するメリットは、物理装置の所有が不要になることです。**最近は、物理装置自体を利用サービス型で提供しているベンダーもあります**（図10-6）。AWS OutpostsなどはAWSの機能をオンプレミス（データセンター型を含む）で利用可能とするサービスです。

図10-5 仮想化環境より物理環境が有効なシーン

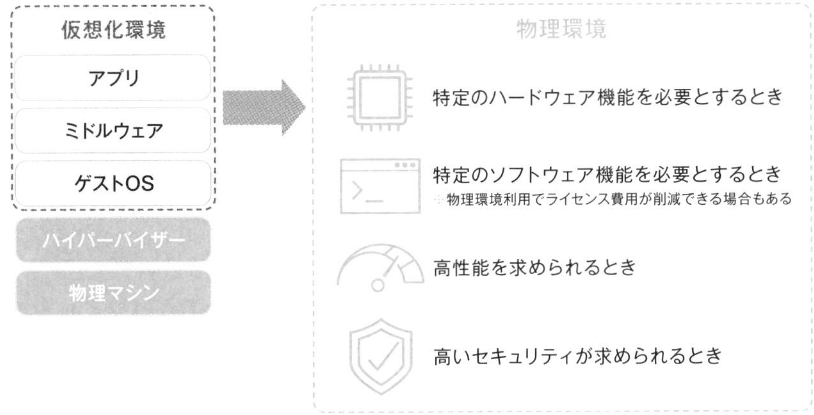

仮想化環境

| アプリ |
| ミドルウェア |
| ゲストOS |

ハイパーバイザー

物理マシン

物理環境

特定のハードウェア機能を必要とするとき

特定のソフトウェア機能を必要とするとき
物理環境利用でライセンス費用が削減できる場合もある

高性能を求められるとき

高いセキュリティが求められるとき

図10-6 物理装置を所有することなく利用可能なサービス

サービス名	概　要
AWS Outposts	● オンプレミスのデータセンターにAWSのインフラストラクチャーとサービスを拡張できる ● 物理的なラックベースのインフラストラクチャーで構成されており、AWSサービスを実行できる ● データのセキュリティや規制要件を満たしながら、クラウドの柔軟性とスケーラビリティを利用できる
Azure Stack	● Microsoft Azureのクラウドサービスをオンプレミス環境で利用できるようにするサービス ● Azure Stackを使用することで、データセンター内でAzureサービスを提供できる
Google Anthos	● Google Cloudのサービスをオンプレミス環境で利用できるようにするサービス ● Google Anthosを使用することでハイブリッドクラウド環境を構築し、アプリケーションをシームレスに移行・実行できる

Point

✎ 利用条件によっては、仮想化環境よりも物理環境の方が適している場合もある

✎ 仮想化環境も物理環境も利用形態が多様化しており、クラウドベンダーからもさまざまなサービス（利用方法）が提供されている

» クラウド利用時の注意点

利用クラウドと利用サービスの選定

　クラウドといっても、選定するクラウドベンダーや利用サービスによってクラウドベンダーと利用者の責任範囲が異なります（図10-7）。

　まず、**システムの特性に合わせてプライベートクラウドかパブリッククラウドを選びます**。オンプレミスのように自社のみで利用したい場合はプライベートクラウド、複数企業と共有してもよい場合はパブリッククラウドを選びます。加えて、コンサルティング、導入、運用支援の一連の流れについてサービス提供可否もあわせて確認して選定する必要があります。

　次に、**利用サービスの選定**になります。パブリッククラウドにはIaaS（Infrastructure as a Service）、PaaS（Platform as a Service）、SaaS（Software as a Service）の3種類のサービス形態があります。一般的には、IaaSを利用する場合、ハードウェアと仮想化基盤はクラウドベンダーの責任、それら以外はすべて利用者側の責任になります。PaaSを利用する場合は、利用者側がデータとアプリケーションについて責任を持ちます。さらに、SaaSを利用する場合は、利用者側がデータのみに対して責任を持ちます。サービスの利用形態以外に、サービスレベル（SLA：Service Level Agreement・**10-7**参照）を考慮してサービスを選定する必要があります。サービスレベルの測定可能な指標としてよくあるのは稼働率、遅延時間、障害から復旧までの時間です（図10-8）。

クラウド利用の注意点

　SLA違反のすべての場合にクラウドベンダーから違約金をもらえるわけではありません。SLAには違約金対象となる保証型、違約金対象外となる努力目標型と混合型があります。

　クラウドサービス利用時に、**データの近接性や可用性を考慮したリージョンとゾーンの選定、必要最小限の権限・通信を考慮したセキュリティレベルの設定、クラウド利用に伴うコストの管理もあります**（図10-8）。

図10-7 **パブリッククラウドサービスの責任範囲の例**

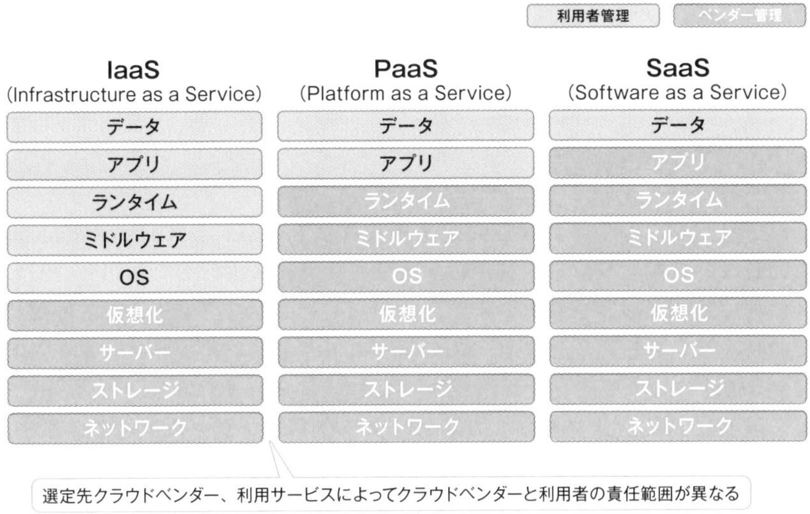

利用者管理　　ベンダー管理

IaaS (Infrastructure as a Service)	PaaS (Platform as a Service)	SaaS (Software as a Service)
データ	データ	データ
アプリ	アプリ	アプリ
ランタイム	ランタイム	ランタイム
ミドルウェア	ミドルウェア	ミドルウェア
OS	OS	OS
仮想化	仮想化	仮想化
サーバー	サーバー	サーバー
ストレージ	ストレージ	ストレージ
ネットワーク	ネットワーク	ネットワーク

選定先クラウドベンダー、利用サービスによってクラウドベンダーと利用者の責任範囲が異なる

図10-8 **SLAの指標例とSLA以外に決める必要があること**

SLAの測定可能な指標例

稼働率

遅延時間

障害から復旧までの時間

SLAには違約金対象となる保証型、違約金対象外となる努力目標型と混合型があるため、SLA違反のすべての場合にクラウドベンダーから違約金をもらえるわけではない

利用サービスのSLA以外に、クラウド利用時に決める必要があること
- データの近接性や可用性を考慮したリージョンとゾーンの選定
- 必要最小限の権限・通信を考慮したセキュリティレベルの設定
- クラウド利用に伴うコストの管理

Point

✎ システムの特性に合わせてクラウドベンダー、利用サービスを選定する必要がある

✎ サービスレベル（SLA）、リージョンとゾーン、セキュリティレベル、コスト管理への考慮も必要である

クラウド設計時の注意点①
サービスクォータ

クラウドサービスクォータとは？

パブリッククラウドは複数の企業が共有して利用するサービスのため、意図しない過剰なリソース利用の防止や、リソース確保のために各サービスに利用制限が設定されています。その利用制限が「クォータ」と呼ばれており、それを超えるとリソースのデプロイができなくなってしまいます（図10-9）。

一般的にサービスクォータの確認は**クラウドコンソール上**でできます。AWSの場合は「Service Quotas」、Azureの場合はサブスクリプションの「使用量＋クォータ」、Google Cloudの場合は「Resource Manager」で各サービスのクォータを確認できます。

クラウドサービスクォータの注意点

クォータによるリソースのデプロイ不可事象を回避するためにはどうすればよいでしょうか。まず、利用予定のサービスのクォータを事前に確認することです。次に、**サービス利用に必要なリソース値を見極めて事前にクォータの上限緩和を申請することです。申請はコンソール上での申請とクラウドベンダーのサポートセンターでの申請の2種類があります。**申請すると上限値がすぐに反映されるリソースもあるため、計画が必要です。

AWSのEIPのクォータ上限緩和申請の流れを紹介します（図10-10）。AWSコンソールの「Service Quotas」画面へ移動し、左メニューにある「AWSのサービス」をクリックして「EC2」を検索します。表示された「Amazon EC2」をクリックし、表示された画面で「Elastic IP」を検索します。検索結果にある「EC2-VPC Elastic IPs」をクリックします。「適用されたクォータ値」に表示されている値「5」はデフォルト値になっています。「アカウントレベルでの引き上げをリクエスト」ボタンを押し、クォータ値を希望値に変更してリクエストします。リクエストが承認されたら、変更後のクォータ値が表示されます。

図 10-9 クラウドサービスクォータの概要

クラウドにおけるサービスクォータ（サービスリソースの利用制限）

目的	意図しない過剰なリソース利用の防止やリソースの確保のため
特徴	クォータの上限を超えるとリソースのデプロイができなくなる ➡リソースのデプロイ不可という事象を回避するために、次の対策を打つことを推奨 ●利用予定のサービスのクォータを事前に確認 ●サービス利用に必要なリソース値を見極めて事前にクォータの上限緩和を申請 ※申請はクラウドコンソール上での直接申請とサポートセンターへの申請の2つの方法がある ※上限緩和申請をすると上限値がすぐに反映されるリソースもあるが、数時間経ってから反映されるリソースもある
確認方法	●AWS：「Service Quotas」コンソールで確認可能 ●Azure：サブスクリプションの「使用量＋クォータ」コンソールで確認可能 ●Google Cloud：「Resource Manager」コンソールで確認可能

図 10-10 サービスクォータ上限緩和申請の流れ例（AWS EIP）

Step 1

「Service Quotas」画面で
「Amazon EC2」の
「EC2-VPC Elastic IPs」
をクリックする

Step 2

「EC2-VPC Elastic IPs」
画面で「アカウントレベル
での引き上げをリクエスト」を
クリックする

Step 3

適用したいクォータ値を入力
し、「リクエスト」をクリック
する

Point

🖉 一般的にサービスクォータはクラウドコンソール上で確認できる

🖉 パブリッククラウド利用時に利用サービスのクォータ値を確認し、必要
に応じてクォータの上限緩和申請をしなければならない

🖉 クォータの上限緩和について、コンソール上での直接申請とサポートセ
ンターへの申請という2つの方法がある

» クラウド設計時の注意点②
通信・権限制御

仮想データセンター（AWS VPC）中の通信・権限制御

VPC（**9-2**参照）内のリソースにアクセスするためには、必要最小限の通信・権限制御が必要です。

VPC内では通信制御について、**セキュリティグループでEC2インスタンスレベルの通信制御を行います。** セキュリティグループはデフォルトでインバウンド通信は全拒否、アウトバウンド通信は全許可になっています。**ネットワークアクセスコントロールリスト（NACL）はサブネットレベルの通信制御用を行います**（図10-11）。セキュリティグループとは違い、NACLはデフォルトですべての通信が許可されているため、不要な通信を拒否するルールの設定が必要です。セキュリティグループとNACL両方とも設定している場合、双方で通信が許可されなければなりません。

仮想データセンター（AWS VPC）外の通信・権限制御

VPC外のサービス（AWS Lambda、S3など）がVPC内のリソースにアクセスするために、サービスに必要最小限の権限を持つIAMロールとポリシーを設定する必要があります（図10-12）。

VPCとVPC外のサービス間の通信を可能にするのがVPCエンドポイントです。 VPCエンドポイントにはインタフェース型とゲートウェイ型があります。インターネットを経由せずにサービスと接続したい場合はゲートウェイ型を利用します。

オンプレミスとVPC内のリソース間の通信を可能にするためには、VPNやDirect Connectを使用します。別のVPCとの通信のためには、VPC PeeringやTransit Gatewayを利用します。

AWSではアクセスキーとシークレットキー情報があれば、どこからでもVPC内のリソースへアクセス可能です。IAMユーザーを払い出す際には、必要最小限の権限を付与します。そして、IaaSでサーバーを使う場合、RDP/SSHを不用意にインターネットに公開しないなどの注意も必要です。

図10-11 **AWS VPC内のリソース間の通信・権限制御**

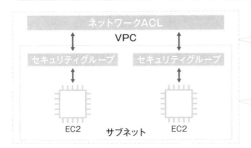

ネットワークACL
VPC
セキュリティグループ　セキュリティグループ

EC2　サブネット　EC2

インバウンド通信：デフォルトで全許可
アウトバウンド通信：デフォルトで全許可
➡不要な通信のみを拒否するルールを設定する必要がある

インバウンド通信：デフォルトで全拒否
アウトバウンド通信：デフォルトで全許可
➡必要最小限の通信のみ許可することが可能

⚠️ **注意**
- 必要最小限の権限を設計する必要がある
- セキュリティグループとNACL両方とも設定している場合、どちらでも通信が許可されないと拒否になる

図10-12 **AWS VPC外の通信・権限制御**

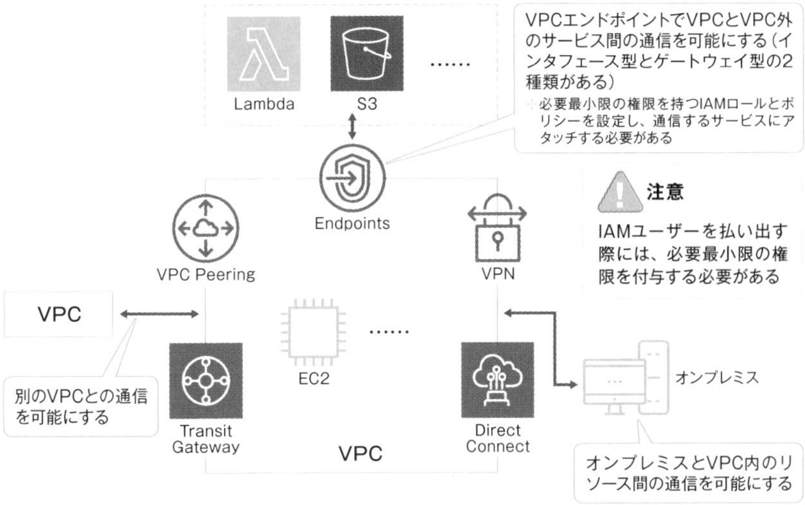

Lambda　S3　……

VPCエンドポイントでVPCとVPC外のサービス間の通信を可能にする（インタフェース型とゲートウェイ型の2種類がある）
必要最小限の権限を持つIAMロールとポリシーを設定し、通信するサービスにアタッチする必要がある

Endpoints

VPC Peering　　VPN

⚠️ **注意**
IAMユーザーを払い出す際には、必要最小限の権限を付与する必要がある

VPC

別のVPCとの通信を可能にする

Transit Gateway　EC2　……　Direct Connect　VPC

オンプレミス

オンプレミスとVPC内のリソース間の通信を可能にする

Point

- VPC内のリソースにアクセスする場合、必要最小限の通信（セキュリティグループ、ネットワークアクセスコントロールリスト）と権限設計が必要である
- VPCとVPC外のサービス間の通信、オンプレミスとVPC内のサービス間の通信、VPC間の通信を可能にするサービスが提供されている

クラウド設計時の注意点③ サービスレベル

クラウドサービスのSLA

SLA（Service Level Agreement）とは、**クラウドベンダーと利用者の間でサービスの品質、可用性、性能などについて明文化し、契約上で合意したもの**です。各クラウドベンダーは、提供するサービスによって異なるSLAを設定しています。**SLAは、「サービスの定義」、「サービスレベル」、「サービスに対するコスト」から構成されています**（図10-13）。

まずはSLA対象のサービスを定義します。サービス全部がSLA対象ではないので注意が必要です。例えば、単一インスタンス構成のAWS RDSはSLA対象外とされています。

次に、サービスレベルについて提示されたSLAを確認して利用するサービスが構築したいサービスの稼働率と整合性が取れているかを確認します。SLA指標として、稼働率、遅延時間、障害から復旧までの時間がよく利用されています。サービス構成によってSLAが変わります。例えば、単一構成のEC2インスタンスのSLAは稼働率99.5%ですが、マルチアベラビリティゾーン構成の方は99.99%になります。

最後にサービスレベルに対するコストについて、一般的には高いSLAを求めれば求めるほどコストがかかります。システムの特性に合わせて適切なSLAを持つサービスを選ぶ必要があります。

クラウドサービスのSLAの注意点

SLAが満たされない場合、利用者から申告しなければ返金がされないこと、**返金対象にならない場合があること**、障害の発生による経済的な損失を請求できないことがあります。障害でデータを失ったり、システムが停止したりすることによる損失を最小限にするために、**利用者側で障害対策を考慮したサービス構成を設計する必要があります**。例えば、アベラビリティゾーン障害を考慮してマルチアベラビリティゾーン構成にしたり、リージョン障害を考慮してマルチリージョン構成にしたりします（図10-14）。

図 10-13

クラウドサービスSLAの構成

サービスの定義	SLA対象ではないサービスもある （例：単一インスタンス構成のAWS RDS)
SLA対象サーバーを定義する	

SLA

クラウドベンダーと利用者の間でサービスの品質、可用性、性能などについて明文化し、契約上で合意したもの

サービスレベル	よく利用される指標： 稼働率、遅延時間、障害から復旧までの時間 サービス構成によってSLAが変わる （例：単一構成のEC2インスタンスのSLAは稼働率99.5%であるが、マルチアベラビリティゾーン構成の方は99.99%である）
サービスの特性に合わせて測定可能な指標を指定する	

サービスレベルに対するコスト	システムの特性に合わせて適切なSLAを持つサービスを選ぶ必要がある
一般的には高いSLAを求めれば求めるほどコストがかかる	

図 10-14

クラウドサービスSLAの注意点

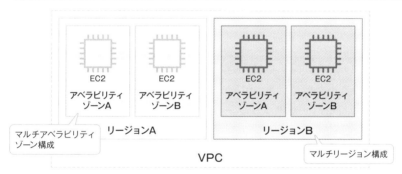

EC2	EC2	EC2	EC2
アベラビリティゾーンA	アベラビリティゾーンB	アベラビリティゾーンA	アベラビリティゾーンB

マルチアベラビリティゾーン構成　　リージョンA　　　　　　リージョンB　　マルチリージョン構成

VPC

障害でデータを失ったり、システムが停止したりすることによる損失を最小限にするために、利用者側で障害対策を考慮したサービス構成を設計する必要がある

Point

- SLAとは、クラウドベンダーと利用者の間でサービスの品質、可用性、性能などについて明文化し、契約上で合意したものである
- SLAは、「サービスの定義」、「サービスレベル」、「サービスレベルに対するコスト」から構成される
- SLA対象のサービスでも場合によっては返金対象とならないことがあるため、利用者側で障害対策を打つ必要がある

》 物理から仮想化基盤への引っ越し

リフト&シフト型の移行方式

　リフト&シフト（Lift & Shift）とは、既存のオンプレミス環境をそのままクラウドに移行（リフト）し、新たに環境を構築する際にクラウドを利用（シフト）する方式です（図10-15）。リフト&シフト以外に、7R（リタイア、リテイン、リロケート、リホスト、リパーチェス、リプラットフォーム、リファクタ）という移行方式があります。

　リフト&シフトの際に、システム構成の変更を最小限にするため、既存リソースの有効活用、短期間での移行、イニシャルコストの削減が可能になります。さらに、クラウドへ移行することにより、システム運用負担の削減、利用場所の無制限、柔軟なリソース利用も実現できます。

リフトの流れと注意点

　リフトの流れを紹介します（図10-16）。まずは物理基盤の評価を行い、移行対象のサーバーやアプリケーションを確定し、移行の計画を立てます。次に、目的に応じて適切なクラウドプラットフォームを選定します。その後、適切なネットワークやリソースサイズを設計し、必要なネットワーク設定とリソースの割当を実施します。システム基盤を構築した後、適切な手法でデータを移行します。最後に、移行前に十分なテストとバックアップを実施します。

　リフトの移行手法にも、リスクが潜んでいます。まずは移行できないリスクです。物理環境と仮想化環境が異なるため、**アプリケーションなどの非互換性の問題**で移行できない場合があります。次に、**パフォーマンス劣化のリスク**です。リソースの割当が適切でない場合、望ましい性能が出せない恐れがあります。そして、**セキュリティのリスク**です。セキュリティ設定が不適切な場合、情報漏れの恐れがあります。最後に、**コスト増加のリスク**になります。例えば、物理環境と仮想化環境のライセンス体系が違うため、移行によるライセンス料が高額になる場合があります。

図10-15 **物理から仮想化基盤への移行方式**

リフト&シフト (Lift & Shift)

リフト：システムをそのまま
クラウドに移行

シフト：新たに環境を構築する
際にクラウドを利用

＋

7R

リタイア：システムの廃止

リテイン：システムの維持

リロケート：より適切なクラウド環境への移行

リホスト：既存アプリケーションをそのまま移行

リバーチェス：クラウド製品へ移行

リプラットフォーム：最小限の変更

リファクタ：クラウド最適化

リフト&シフトの際に、システム構成
の変更を最小限にするため、既存リ
ソースの有効活用、短期間での移行、
イニシャルコストの削減が可能

既存のシステムをクラウドへ移行する際にまず
リフト&シフトを検討し、移行後、段階を踏んで
クラウドネイティブなサービスを活用して改善し
ていくことを推奨

図10-16 **物理から仮想化基盤へリフト時の流れと注意点**

Step 1 物理基盤の評価、移行対象のサーバーやアプリケーションの確定、移行計画の作成

Step 2 目的に応じて適切なクラウドプラットフォームを選定

Step 3 適切なネットワークやリソースサイズを設計し、割当を実施

Step 4 適切な手法でデータを移行

Step 5 十分なテストとバックアップを実施

⚠ 注意
- 物理環境と仮想化環境が異なるため、アプリケーションなどの非互換性の問題で移行できない場合がある
- リソースの割当が適切でない場合、望ましい性能が出せない恐れがある
- セキュリティ設定が不適切な場合、情報漏れが発生する恐れがある
- コスト増加の場合もある（例：移行によるライセンス料が高額になった）

Point

- 物理から仮想化基盤への移行には、リフト&シフト、7Rの手法がある
- 物理から仮想化基盤への移行時にアプリケーションの互換性問題、パフォーマンス劣化のリスク、セキュリティのリスク、コスト増加のリスクへの考慮が必要である

仮想化基盤への引っ越し方法

リフト移行の事例

　OSやミドルウェアのEOL（保守終了）を機にクラウドへのリフト移行を検討する企業が多いでしょう（図10-17）。クラウドベンダーが幅広いOSのバージョンなどを提供しているため、ミドルウェアやメインフレームなどの実行環境、アプリケーションをIaaS仮想サーバーに持ち込めます。

　他に、急速なビジネス拡大に伴うパフォーマンス問題や運用コスト増加を解決するために、クラウドへのリフトを検討する小規模なスタートアップ企業もあります。例えば、オンプレミスWebサーバーを仮想サーバーへ移行し、そのフロントにロードバランサーを配置し、自動スケーリングを有効にしたりするなどです。

　リフト移行のメリットとして、「移行が簡単」、「導入コストが最小限で済む」、「システムの拡張・縮小が容易」などが挙げられます。

リフト移行サービスの利用

　より簡単にオンプレミス環境をクラウドへ移行できるように、クラウドベンダーが移行用のサービスを提供しています（図10-18）。AWS Application Migration Service、Azure Migrate、Google Cloud Migrate for Compute Engineといったリフト移行サービスがあります。利用クラウドに合わせて移行サービスを活用すると、クラウドへの移行を迅速に実現できます。

リフト移行の注意点

　リフト移行は、基本的には従来のシステムをそのまま移行するため、移行後もシステムの保守運用作業やシステムの改修が発生します。**リフト移行は恒常的な措置ではないことを認識してください。**クラウドのメリットを最大限に引き出すために**クラウドネイティブな構成へ段階的にシフトし、アップデートや運用を自動化することなど**を検討する必要があります。

図10-17 クラウドへのリフト移行を検討するきっかけとクラウドで実現可能なこと

クラウドへのリフト移行を
検討するきっかけ

クラウドで実現可能なこと

OSやミドルウェアのEOL
（保守終了）

   Red Hat

クラウドベンダーが幅広いOSのバージョンなどを提供している
ミドルウェアやメインフレームなどの実行環境、アプリケーションをIaaS
仮想サーバーに持ち込むことも可能

急速なビジネス拡大に伴う
パフォーマンス問題

Web
サーバー

ロードバランサー

Web
サーバー

急速なビジネス拡大に伴う
運用コスト増加

移行例：Webサーバーを仮想サーバーへ移行し、ロードバラ
ンサーによる負荷分散・自動スケーリング構成にする

:

リフトのメリット
● 移行が簡単 ● 導入コストが最小限で済む
● システムの拡張・縮小が容易 etc.

図10-18 主なリフト移行サービス

サービス名	概要
AWS Application Migration Service	オンプレミス・仮想・パブリッククラウドからAWSへの移行をサポートしており、シンプルな移行プロセスでサーバーをリフト&シフトできる
Azure Migrate	オンプレミスの物理サーバーや仮想化環境、現在利用しているクラウドサービスで稼働中のマシンのAzure移行をサポートしている
Google Cloud Migrate for Compute Engine	● オンプレミスまたは他のクラウドからGoogle Compute EngineにVMを移行できる ● 対応している移行元としてVMware vSphere、Amazon EC2（AWS）、VM（Microsoft Azure）環境がある

 注意
● 移行後もシステムの保守運用作業やシステムの改修が発生する
● 恒常的な措置ではない
※ クラウドのメリットを最大限に引き出すためにクラウドネイティブな構成へ段階的にシフトし、アップデートや運用を自動化することなどを検討する必要がある

Point

✎ 「移行が簡単」、「導入コストが最小限で済む」、「システムの拡張・縮小が容易」がリフト移行のメリットとして挙げられている
✎ リフト移行はあくまで暫定的な措置で、今後はクラウドネイティブな構成に移行してクラウド利用のメリットを最大限に引き出す必要がある

やってみよう

第10章では、仮想化環境とクラウド環境の利用時の注意ポイントと、仮想化基盤への引っ越し方法や注意点について説明しました。

仮想化環境利用時に、「ノイジーネイバー」問題とライセンス違反問題の発生を防ぐために、リソースの監視やライセンス利用条件の事前確認が必要です。そして、仮想化環境でトラブルが発生した場合に、システムの特性に合わせて**10-2**で紹介したトラブル切り分けの流れをチューニングして、トラブルシューティングを行うことをお勧めします。

クラウド環境利用時に、利用するサービスの責任範囲、サービスクォータ、通信・権限制御、サービスレベルなどを確認する必要があります。具体的には**10-4**〜**10-7**までの内容を確認してください。

仮想化基盤への引っ越し方法について、リフトをメインに紹介しました。下記にいくつかのシステム要件例を挙げたので、パブリッククラウドサービスの責任範囲の知識を思い出しながら、どのクラウドサービスの利用形態が最適かを考えてみましょう。

要件

---

❶ サーバーのOS設定を自社が管理する

❷ システム開発領域をターゲットにする

❸ クラウドサービスをそのまま利用する

実現方式

IaaS（Infrastructure as a Service）……要件 ［　　］の実現に最適

PaaS（Platform as a Service）……要件 ［　　］の実現に最適

SaaS（Software as a Service）……要件 ［　　］の実現に最適

※サービスの利用形態以外に、サービスのSLA（Service Level Agreement）を考慮してサービスを選定する必要がある

仮想化の運用

～仮想化環境利用時に考慮すること～

» サービスカタログの管理

仮想化の自由度とガイドライン

　ここまでの章で見てきた通り、仮想化技術（クラウドを含む）を取り入れることにより、利用者が利用しやすい形でリソースを提供でき、自由度が大幅に高まります。しかし、**この自由度の高さが逆に混乱を招くこともあります。**例えば、どの程度のリソースを割り当てるべきか、セキュリティ対策はどこまで実施すればよいか、要件によってどのようにリソースを組み合わせればよいかなど、利用者側で適切な運用方法が判断できなくなってしまいます。

　混乱を避けるため、仮想化環境の運用にはガイドラインが必要となります（図11-1）。ガイドラインとは、可用性、性能、セキュリティ、運用性などの観点で、仮想化環境利用時に考慮すべき点、方針、推奨方式を定めたものです。これにより、効率的で安全な仮想化環境の運用ができます。

利用者に素早く環境を提供するサービスカタログ

　ガイドラインで方針を定めましたが、利用者が仮想化環境を構築する場合（または構築を依頼する場合）、利用者の理解度によってはガイドラインで定めた方針では不足することもあります。また、ガイドラインの解釈の違いからさまざまな仮想化環境ができ、運用が統一できなくなってしまう可能性があります。

　これらの課題を解決するために、サービスカタログが必要となります。サービスカタログでは図11-2に示すように、利用シーンを想定して実装パターンを整理した上で、仮想化環境で提供されるリソースやその仕様を明確にします。**サービスカタログを用意することで、利用者が必要なサービスを探しやすくしたり、仮想化環境を提供する側がそれを管理しやすくなるメリットがあります。**また、サービスカタログで仕様を明確にすることで、利用者からフィードバックを得てサービスを継続的に改善し、利用を促進する効果も期待できます。

図11-1　ガイドラインによる利用方針の策定

仮想化環境（クラウド）利用ガイドライン

仮想化環境（クラウド）の利用にあたって考慮すべき点や推奨事項が記載されたドキュメント

ガイドライン目次例

1章　可用性
　　継続性、耐障害性 など

2章　性能・拡張性
　　バッチ・オンライン処理量、リソースの拡張性など

3章　運用保守性
　　バックアップ、監視、時刻同期、サポート体制など

4章　移行性
　　移行方式、移行にあたっての分担など

5章　セキュリティ
　　リスク分析、アクセス制御、不正追跡、暗号化など

性能・拡張性（例）

利用者データを持つか持たないかにより拡張性方針を定める。
Webサーバー、APサーバーについては利用者データを持たないことから処理性を向上させたい場合はスケールアウトを推奨する。DBサーバーについては利用者データを持つことから、複数の仮想サーバーで同一の利用者データを参照させる必要がある。
運用性や構成変更のリードタイムを加味し、スケールアップを第一優先として検討する。DBアクセスの特性によっては、DBの機能を利用した複数台クラスターによるスケールアウト構成を検討する。

ネットワークに関するリスクと対策（例）

クラウドサービス利用におけるネットワークに関するリスクは、主にデータの流出やなりすまし、サービス停止があり、次のような要因が考えられる。

■ 利用者との通信、サーバー間の通信、リージョン間の通信における脅威
　● 通信の傍受
　● 中間者攻撃
　● なりすまし

図11-2　サービスカタログによる迅速な環境提供

仮想化環境（クラウド）利用ガイドライン

- ガイドラインはさまざまな状況に対応できるように書かれているため抽象的な部分がある
- 実装するためには設計スキルが求められる

- ガイドラインに即して利用シーンを想定した上でサービスとして仕様を決めて提供する
- 仮想化の自由度は低下するが、選択のしやすさから導入スピードの迅速化や運用の効率化が見込まれる

サービスカタログ

Web3階層

- 負荷分散装置
- Webサーバー（オートスケール）
- DBサーバー
- 証明書発行サービス

サービス	仕様
仮想サーバー	S：1vCPU/2Gメモリ、M：2vCPU/4Gメモリ
オートスケール	CPU利用率が○％以上となった場合、自動的にスケールアウトする。○％以下になった場合、自発的にスケールインする
証明書発行	負荷分散装置に適用可能な有効期間○年の証明書を発行する。キーアルゴリズムはRSA

Point

- 仮想化環境は自由度が高いため仮想化環境の実装・運用にはガイドラインが必要となる
- サービスカタログを用意することで、利用開始までのリードタイムの短縮や仮想化環境を管理しやすくなるといった効果がある

》クラウドの構成管理

クラウドのインフラ構成管理

　クラウドでは、サービスを柔軟に組み合わせて利用できるため、**用途が不明確なリソースが混ざる可能性があります**。例えば、プロジェクトのために作成したリソースをプロジェクト終了後に削除することを忘れてしまい、無駄なコストが発生した際には、セキュリティ面やコスト面を考慮して、構築したリソース全体の構成管理が必要です。そして、**AWS CloudFormationやIaC**（Infrastructure as Code）などのツールで書いたコードでインフラを構築した場合、コードによるインフラの構成管理が可能です（図11-3）。

コードによる構成管理の工夫

　まず用途不明のリソースをなくすために、構築時にリソースの用途がわかるように適切なタグをつけます。タグをつけることで、後で不要なリソースの特定や不要なアクセスの制限もしやすくなります。また、AWS Configのような構成管理ツールを利用してリソースの設定を自動取得し、リソース間の依存関係をコンソール上で確認することもできるため、手動の構成管理の必要がなくなります。

　次に、コードのままだと設計意図がわからないため、セキュリティやコスト最適化の観点から問題が生じやすいです。このようなことを解決するために、コードに設計意図などのコメントをつけて文書化します。これにより、他のメンバーや後続の開発者が理解しやすくなります。その他に、インフラ構成変更管理のためにコードのバージョン管理も必要です。Gitなどのバージョン管理ツールを利用し、適切なブランチとコードレビュー・デプロイのフローを設定します（図11-4）。

　クラウドの柔軟性を活かす一方で、用途不明のリソースやコードを避けるためには、適切な管理と文書化が重要です。**タグづけやポリシー設定、監査、ドキュメント作成などのプラクティスを取り入れることで、インフラのセキュリティとコストの最適化を実現できるでしょう。**

図11-3 クラウドのインフラ構成管理ツール

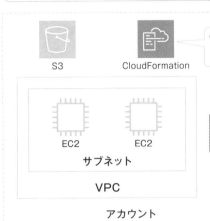

S3

CloudFormation

CloudFormationやIaCなどのツールで書いたコードでインフラを構築した場合、コードによるインフラの構成管理が可能

EC2　EC2

サブネット

Config

Config利用でリソースの設定を自動で取得でき、依存するリソースもコンソール上で確認できる

・変更前後の設定も記録されるので、構成管理が楽になる

VPC

アカウント

図11-4 コードによる構成管理時に工夫すること

タグをつけることで、後で不要なリソースを特定しやすくなり、ポリシーを一括でつけて不要なアクセスも制限しやすくなる

コードに設計意図などのコメントをつけて文書化することで、他のメンバーや後続の開発者が理解しやすくなる

Gitなどのバージョン管理ツールを利用し、適切なブランチとコードレビュー・デプロイのフローを設定する

Point

⟋ 用途が不明確なリソースが混ざることを避けるために、AWS CloudFormationやIaCなどのツールを利活用し、適切な構成管理を行うことが重要である

⟋ タグづけやポリシー設定、監査、ドキュメント作成などのプラクティスを取り入れることで、インフラのセキュリティとコストの最適化を実現できる

仮想化基盤のメンテナンス

メンテナンスの種類と実施者

　利用者に仮想化基盤のリソースあるいは仮想化基盤上に構築されたシステムを継続的に提供するためには、時間経過に伴って発生するさまざまな事象への対処が必要です。例えば、脆弱性への対応のための修正パッチ適用、リソース最適化のための不要リソースの調査と削除、ソフトウェアやハードウェアのライフサイクルに基づく基盤のリプレース作業などです。

　これらの作業を誰が実施するかは**1-12**で解説した**責任共有モデルを参考にしてガイドラインで定義することで明確になり**、仮想化環境を維持しやすくなります（図11-5）。メンテナンスは、一般的には国内の組織では、従来、情報システム部門にあたる組織が担います。一方近年では、変化への迅速な対応のために、CCoE（Cloud Center of Excellence）チームが、標準化されたナレッジやプラットフォームをビジネス部門に提供し、ビジネス部門がメンテナンスする形態も見受けられます。

クラウド環境におけるメンテナンスの留意点

　クラウドでPaaSを使用する場合には、**クラウド側のライフサイクルに対応するために、ソフトウェアのバージョンアップが必要になることがあります**。例えば、AWSのデータベースサービスであるRDSでは、マイナーバージョンの廃止がアナウンスされてから3カ月を経過すると自動アップデートされます。**これらをイベントとして組み込み実施する**のか、**11-2**で述べたようなコード化に加えテストを自動化し、**運用の通常イベントとしてアップデートするか**、あらかじめ決めておく必要があります。

　また、コストについても考慮が必要です。普段から予定通りのコスト状況か確認し、仮想マシンのインスタンスサイズのみならず、リクエスト回数の増加やデータ量の増加などにより**想定外のコストが発生していないかを確認します**。コスト削減のためにはアプリケーションのロジックを見直さなければならないケースもあります（図11-6）。

図11-5 責任共有モデルを利用した役割分担の定義例

オンプレミスの仮想化での役割分担例

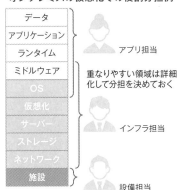

クラウド環境での役割分担例（PaaSの場合）

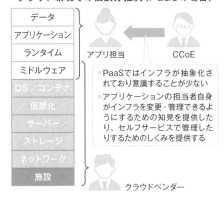

- PaaSではインフラが抽象化されており意識することが少ない
- アプリケーションの担当者自身がインフラを変更・管理できるようにするための知見を提供したり、セルフサービスで管理したりするためのしくみを提供する

図11-6 クラウド特有のメンテナンス考慮事項の例

クラウドのライフサイクル対応イメージ

おおむね5年単位での大規模な改修＆テストを実施

（例）PostgreSQL
v12　　　　　　　　　　v16

アプリケーションの改修とテストのしくみを自動化しておくことで、運用中の通常イベントとしてバージョンアップを実施

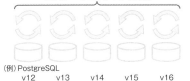

（例）PostgreSQL
v12　　v13　　v14　　v15　　v16

クラウドのコスト管理

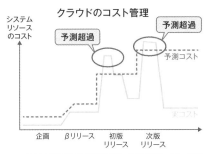

- クラウドの課金は実行回数、処理時間、データ流量などにより変動する
- 実装方法によっては想定外に、実行回数や処理時間が長くなることで課金が発生するため、コストの妥当性（利用者トラフィックに対する妥当性）と見直しの検討が必要となる

Point

- 仮想化環境は担当が曖昧になりやすいため、責任共有モデルを参考にして仮想化環境のメンテナンス担当を定義しておく必要がある
- クラウド環境ではクラウド側のライフサイクルに合わせてバージョンアップなどの環境変更の対応が必要になるので、環境変更をイベントに組み込んでおくことで対応する
- クラウド環境において想定外のコストが発生していないかを確認する必要がある

» パフォーマンス監視

オンプレミスのパフォーマンス監視

オンプレミスでハードウェアを保有する形で仮想化した場合は、同じハードウェアを複数の仮想サーバー、仮想ネットワーク、仮想ストレージで共有しています。したがって、仮想化基盤を構成している物理リソースのパフォーマンスを監視する必要があります。

特に物理リソースを超えてリソースを作成する「オーバーコミット」という使い方をしている場合は注意が必要です（図11-7）。物理リソース以上のリソース要求があった場合には、既定のルールに基づいてリソース配分されます。例えば、2vCPUの仮想サーバーに1vCPU分のリソースが配分された場合でも、仮想サーバー側からは2vCPUあるように見えます。割り当てられた1vCPU分をフルに使ってもCPU使用率は50%となるため、仮想サーバー側だけ見ていても異常に気づきません。

また、インフラのパフォーマンス監視では使用率に着目しがちですが、使用率ではなくレイテンシやキュー（処理待ち）に着目する必要があります。これらの指標を用いて処理が「流れているか」を確認します。さらに、これらのレイテンシやキューを発生させている状況を把握するために、**リクエストの流量（トラフィック）も監視する**必要があります。

クラウドのパフォーマンス監視

レイテンシやトラフィックについてはオンプレミスと同様の考え方で実装する必要があります。オンプレミスと異なる点として、クラウドでの物理リソースはクラウド事業者が管理しているため状況が見えません。一方でサービスクォータという概念があります（図11-8）。例えば、ストレージ（ディスク）では無料枠の最大IOPS（秒間のIO回数）が決められていたり、関数サービスでは最大実行時間が決められていたり、待ち時間やリトライ回数が決められていたりします。**サービスクォータに対して余裕率を確認しておくことがクラウドのパフォーマンス監視では重要です。**

図11-7 オーバーコミット環境では使用量以外の監視も必要

オーバーコミットとパフォーマンス監視のイメージ

| 仮想サーバー | 仮想サーバー | 仮想サーバー | 仮想サーバー |

オーバーコミット
物理的にはCPUが4つしかなくとも仮想サーバーで4つ以上（図の例では2個×4台＝8個）割り当てられる。このような割り当て方を「オーバーコミット」という

仮想化ソフトウェア

物理サーバー

仮想サーバー

CPU処理待ち（キューの長さ）

CPU使用率とキュー
● 物理サーバーから割り当てられていないリソースは使えないが、仮想サーバー上は存在するように見えるため、使用率は50%となる
● 処理待ちのキューの長さがCPUの個数に対して多くなっていないかを監視する必要がある

上記はCPUの例だが、メモリ、ストレージ、ネットワークについても同様。使用率だけでなく、待ち（キュー）や遅延（レイテンシ）を監視する必要がある

図11-8 クラウド環境ではサービスクォータに注意が必要

サービスクォータの例1（ストレージ）

仮想サーバー（EC2）

AWS EC2 c5ad.xlargeの例
ベースラインIOPS 1,600 IOPS
ベースラインスループット
50MB/秒

AWSの汎用ディスク（gp3）の例
IOPS無料枠 3,000 IOPS
スループット無料枠 125 MB/秒

IO回数やスループットの上限をどの程度使用しているかを監視する必要がある。加えて、上記の例では仮想サーバーのIOPSがディスクのIOPSを下回っているため、ディスクの最大性能を活かしきれていない。クラウドではこのような点も留意する必要がある

サービスクォータの例2（関数）

AWS Lambdaの例

実行数に関するクォータ

同時1,000実行

同時実行回数はデフォルトで1,000

実行時間に関するクォータ

1処理最大15分

1回当たりに実行できる長さが決まっている

実行数や実行時間などのクォータを意識して監視しておかないと、処理数や処理量が増加した際に突然システムが停止してしまう事態となる

Point

✎ オンプレミス環境で物理リソースを超えた割当（オーバーコミット）をしている場合は、使用率の監視のみならず、レイテンシやキュー、トラフィックの監視が必要となる

✎ クラウドでは利用上限（サービスクォータ）に対する余裕率の監視が必要である

キャパシティ管理

オンプレミスのキャパシティ管理

オンプレミスの仮想化基盤のキャパシティは大変シンプルで、ハードウェアリソースの合計となります。オンプレミスでのキャパシティ管理では、仮想化基盤の合計リソースの使用量とトレンド（増減傾向）から今後必要となるリソースの需要を予測して適切な増設計画を立てます。

オンプレミスでのキャパシティ増強時に考慮すべきことは2つです（図11-9）。

1つ目はリードタイムです。ハードウェアを手配して増設する手続きが必要であり、増設には数週間から数カ月かかるため、早期に増設判断が必要です。2つ目は互換性です。リソース増設用のハードウェアが新しい仮想化ソフトウェアのみサポートしている場合、既存の仮想化環境の管理サーバーでは管理できないケースもあります。そのため、互換性を保持した範囲で順次新しい物理機器に移行できるように計画する必要があります。ハイパーコンバージドインフラストラクチャーという、物理機器をユニット化した形態もあり、増設が比較的容易であることから採用されているケースもあります。

クラウドのキャパシティ管理

クラウドはオンプレミスと比較してキャパシティの確保が各段にしやすいプラットフォームです。条件によって自動的にリソースを拡張するオートスケーリングなどの機能や、実行時だけにリソースを使用する関数サービスにより、高い柔軟性・弾力性を提供できます（図11-10）。ただし、拡張・縮退のためにある程度の時間（数分〜）を要するものもあるため、完全にクラウド機能に任せるのもよくありません。自動拡大・縮小する機能を使いながら適正値を見極め、確保しておくリソースを見極めなければなりません。また、**11-4**でも触れたサービスクォータの制約に抵触しないように、**システムごとに環境を分ける**といった対応も必要となります。

図11-9 オンプレミスではリードタイムと互換性の考慮が必要

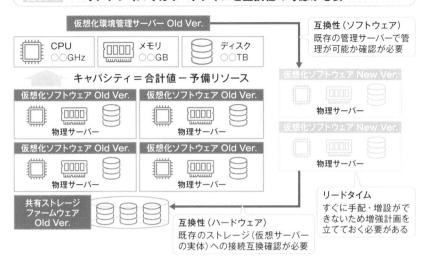

図11-10 クラウド機能によるキャパシティ増強とクォータ

クラウドのキャパシティ（オートスケール）

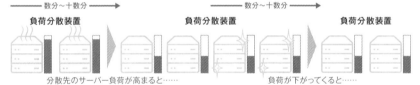

- 自動で拡張や縮退ができるが、時間がかかる
- 負荷状況のパターン（トレンド）を確認し、初期台数の決定、あるいはスケジュールによる事前拡張などの対応が必要

クラウドのキャパシティ（クォータ）

AWSの場合の例	アカウント		アカウント	
	リージョン	リージョン	リージョン	リージョン
	AZ AZ	AZ AZ	AZ AZ	AZ AZ

- クォータがどの単位で適用されるのかを確認し、クォータに抵触しないように環境を分けておく
- （例）本番環境と検証環境のアカウントを分けるなど

Point

✍ オンプレミスのキャパシティ増強では、リードタイムや互換性を考慮する必要がある

✍ クラウドではキャパシティとしてサービスクォータを意識して環境分離などの対策をしておく必要がある

» コスト管理

クラウドサービスのコスト管理

　従来のリソースやライセンスの事前見積りのやり方とは異なり、**クラウドでは初期投資が不要で使った分だけ課金されるため、リソースの課金状態の確認とコストの継続最適化が必要になります。**

　リソース利用前にクラウドの見積りツール（例：AWS Pricing Calculator）によってリソースの月額と年間見積りを行うことで、予算を立てられます。

　続いて、予算オーバーを防ぐため、AWS Budgetsなどのコスト管理のツールを使い、見積金額に基づいて予算とアラートの閾値を設定します。サービス、アカウント、タグごとに予算とコストを管理できます。ただし、AWS Budgetsでは最低5週間の利用データが必要で、不足するとアラームが実行されないため、注意が必要です。

　コストを最適化するためには、AWS Trusted Advisorのようなコスト最適化ツールを利用します（図11-11）。Trusted Advisorは、「コストの最適化」、「パフォーマンス」、「セキュリティ」と「フォールトトレーランス」の4つの観点から精査し、利用者に推奨設定を表示してくれます。

クラウドサービスのコスト管理の例

　Lambdaのループによる高額請求の実例を紹介します（図11-12）。

　プログラムにバグが存在し、Lambda上で無限ループが発生した結果、Lambda関数の実行回数が急増し、巨額な請求が生じました。問題に早く気づけば、これほどの課金は発生しなかったでしょう。このようなことを未然に防ぐために、まず、予算を超えたコストの増加に早期に察知するように**Budgetsツール**を利用してコストアラートを設定します。次に、リソースの利用状況を常に把握してアノマリを早期発見できるように**CloudWatchの監視ツール**を利用します。コスト管理をすることで、クラウドリソースの利用価値を最大限に引き出せ、問題の早期対応・防止ができるようになります。

図11-11 AWSコスト管理の設定例

Step1 Pricing Calculatorで見積りを作成する

リソースの月額と年間見積りが可能

Step2 Budgetsで予算とアラームの閾値を設定する

サービス、アカウント、タグごとなどさまざまな単位で予算とコストを管理できる
注意：AWS Budgetsでは最低5週間の利用データがないと予測コストが算出されず、利用データが不足するとアラームも実行されない

Step3 Trusted Advisorでコスト最適化するための推奨設定を確認する

「コストの最適化」、「パフォーマンス」、「セキュリティ」と「フォールトトレーランス」の観点から精査し、利用者に推奨設定を表示

図11-12 Lambdaのコスト管理の事例

Lambda

背景
プログラムにバグがあってLambda上で無限ループが発生し、Lambda関数の実行回数が爆発的に増え、膨大な請求額が発生してしまった

予算を超えたコストの増加に早期に察知するようにBudgetsツールを利用してコストアラートを設定する

リソースの利用状況を常に把握してアノマリを早期発見できるようにCloudWatchの監視ツールを利用する

Point

- クラウドでは初期投資が不要で使った分だけ課金されるため、リソースの課金状態の確認とコストの継続最適化が必要である
- クラウドのコスト管理には、監視や予測などさまざまなツールがあり、要件に合わせて最適なコスト管理構成を作成することが重要である

» セキュリティ管理

セキュリティ管理の考慮事項

　一般的にセキュリティ対策を行う場合、対象システムの脆弱性と脅威を重ね合わせることで、リスクを特定して対策を検討します。セキュリティは内容が多岐にわたるため、ここではオンプレミスとクラウドで特徴的なセキュリティ上の考慮事項について解説します。

オンプレミスのセキュリティ管理

　オンプレミスの仮想化環境でのセキュリティ管理は、ネットワーク境界の管理とソフトウェア脆弱性の対応がポイントになります（図11-13）。ネットワーク境界による管理は、主にファイアウォールによる通信制御です。脆弱性対応については仮想化ソフトウェアの対応がおざなりになりがちですが、仮想化ソフトウェアの脆弱性を突かれて侵入されることで、ネットワークの通信制御に関係なく仮想サーバーに侵入されるケースもあるため、仮想化ソフトウェアの脆弱性対応も実施しておく必要があります。

　また、利用者がネットワーク設定を変更してファイアウォールを迂回することがないように権限制御をしておく必要があります。

クラウドのセキュリティ管理

　クラウドは、インターネットから誰でもアクセスできる点を理解する必要があります（図11-14）。特にクラウドへのアクセスキーを持っていると認証なしにクラウドのリソースを操作できるため、取り扱いに注意が必要です。また、リソース間のアクセスにはポリシーによりアクセスを制御します。クラウドではリスクを検出する機能があるため、推奨事項に従って設定を行い予防します。発見という観点では、監査ログでの特定イベントの検知、統計情報からの不審な挙動の検出、構成変更の検出などの機能を持つため、これらを活用しながら包括的なセキュリティ管理を行います。

図11-13　オンプレミス仮想化環境でのセキュリティ対策ポイント

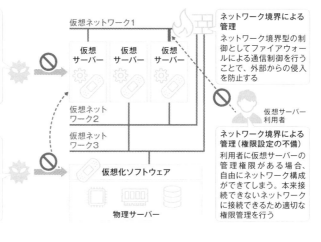

ソフトウェア脆弱性対応
脆弱性の修正を適用することで、不具合を突いた攻撃を防止する（ネットワーク通信としては正しいが、悪意のあるコードの埋め込みなどで管理者権限を奪取されるなどの攻撃を受ける）

ソフトウェア脆弱性対応
仮想化ソフトウェアの不具合により、仮想サーバーへ侵入されたり任意の処理を実行されたりする可能性がある。仮想化ソフトウェアの修正適用も必要となる

ネットワーク境界による管理
ネットワーク境界型の制御としてファイアウォールによる通信制御を行うことで、外部からの侵入を防止する

ネットワーク境界による管理（権限設定の不備）
利用者に仮想サーバーの管理権限がある場合、自由にネットワーク構成ができてしまう。本来接続できないネットワークに接続できるため適切な権限管理を行う

図11-14　クラウド環境でのセキュリティ対策ポイント

パスワードと多要素認証によるサインイン。サインイン後、許可された権限で各リソースを操作

アクセスキーがあればサインインすることなく許可された権限でリソース操作が可能

ポリシーによるアクセス制御
アクセス許可、拒否ポリシーにより個別にアクセスを制御する

予防や発見
アドバイザーの推奨事項による設定や、不審な挙動の検出と通知を行う

アクセスキーによるアクセス
必要なキーを持っていれば、インターネット越しに直接リソースを操作できる。キーの管理には注意する

ネットワーク境界による管理
仮想データセンターの中はネットワークの境界やファイアウォールによるアクセス制御

Point

🖊 オンプレミスではネットワーク境界とソフトウェアの脆弱性によるセキュリティ管理が中心となる

🖊 クラウドではアクセスキーの利用に注意するとともに、環境構築時に予防措置と不審な挙動を発見するための対処をしておく必要がある

事業継続性計画 ～災害対策～

災害対策のための事業継続性計画

事業継続性計画とは、ここではデータセンターが正常に機能しなくなった場合、あるいは地域レベルの災害が発生した場合でも、システムを復旧し企業活動が行えるようにするための計画を指します。事業継続性計画では発動条件（データセンター障害、地域障害）と、どの時点まで（RPO）、どのレベルで（RLO）、どの程度の時間で（RTO）復旧するかを定めます。

オンプレミスの事業継続性計画

オンプレミスでは本番環境のデータセンターから距離が離れた地域に災害対策サイトを置き、仮想化環境を設置した上で仮想サーバーやデータをコピーすることで災害対策を実現します（図11-15）。災害対策のためには災害対策先の物理機器や、RPOを守るためのデータ転送が可能なネットワークが必要となり、**環境構築に長い期間や多くのコストがかかります。**

クラウドの事業継続性計画

一方、クラウドでは東京、大阪などのリージョンごとに複数のデータセンター（AZ）を設置しているため、あらかじめ仮想サーバーを複数のAZに配置することで、AZ障害でシステムが全滅する事態を避けられます（図11-16）。仮想サーバー以外のクラウドサービスは単一AZの障害で影響を受けないものも多く、オンプレミスと比較して障害耐性が高いといえます。また、**クラウドに実装されたリージョン間のデータコピー機能**と、**11-2**で触れたコードによる構成管理とを組み合わせて、**災害発生後にリソースを作成することにより低コストで災害対策を実現することも可能**です。

ただし、クラウドには、サービスレベルが定義されており、サービスが利用できない場合があります（99.9%の場合月間43.8分）。この点を考慮してリソースの配置を検討する必要がある点には注意が必要です。

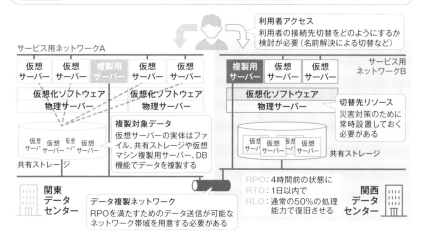

図11-15 オンプレミスでの災害対策の例

利用者アクセス
利用者の接続先切替をどのようにするか
検討が必要（名前解決による切替など）

サービス用ネットワークA

仮想サーバー｜仮想サーバー｜複製用サーバー｜仮想サーバー｜仮想サーバー

仮想化ソフトウェア
物理サーバー　仮想化ソフトウェア
物理サーバー

複製用サーバー｜仮想サーバー｜仮想サーバー

サービス用ネットワークB

仮想化ソフトウェア
物理サーバー

切替先リソース
災害対策のために
常時設置しておく
必要がある

複製対象データ
仮想サーバーの実体はファイル。共有ストレージや仮想マシン複製用サーバー、DB機能でデータを複製する

仮想サーバー｜仮想サーバー｜仮想サーバー｜仮想サーバー

共有ストレージ

仮想サーバー｜仮想サーバー｜仮想サーバー｜仮想サーバー

共有ストレージ

関東データセンター

データ複製ネットワーク
RPOを満たすためのデータ送信が可能なネットワーク帯域を用意する必要がある

RPO：4時間前の状態に
RTO：1日以内で
RLO：通常の50%の処理
　　　能力で復旧させる

関西データセンター

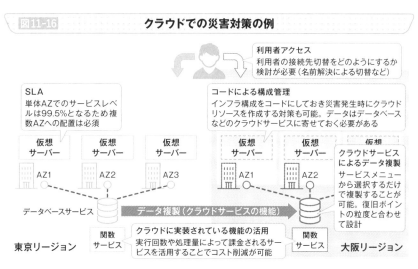

図11-16 クラウドでの災害対策の例

利用者アクセス
利用者の接続先切替をどのようにするか
検討が必要（名前解決による切替など）

SLA
単体AZでのサービスレベルは99.5%となるため複数AZへの配置は必須

コードによる構成管理
インフラ構成をコードにしておき災害発生時にクラウドリソースを作成する対策も可能。データはデータベースなどのクラウドサービスに寄せておく必要がある

仮想サーバー｜仮想サーバー｜仮想サーバー

AZ1　AZ2　AZ3

仮想サーバー｜仮想サーバー｜仮想サーバー

AZ1　AZ2

クラウドサービスによるデータ複製
サービスメニューから選択するだけで複製することが可能。復旧ポイントの粒度と合わせて設計

データベースサービス　→ データ複製（クラウドサービスの機能）

東京リージョン　関数サービス

クラウドに実装されている機能の活用
実行回数や処理量によって課金されるサービスを活用することでコスト削減が可能

関数サービス　大阪リージョン

Point

📎 オンプレミスでの事業継続性計画は、環境維持コストを考慮して対応レベルを検討する

📎 クラウドでは必要なときのみ環境が利用できる利点を活かした計画が可能

📎 災害発生時のダウンタイムの短縮とコスト削減を両立するためにクラウドに実装されている機能の活用も検討する

やってみよう

仮想化環境の利用方法を考えよう

　第11章では仮想化環境の運用についてオンプレミスでの仮想化の場合やクラウドでの仮想化の場合の例を紹介しました。オンプレミスの場合もクラウドの場合も自由度が高まるため、どのように使ったらよいか決めきれない状況が発生します。また、仮想化やクラウドの利用部門に利用の仕方を任せた場合、バリエーションが増加して運用が共通化できなかったり、セキュリティ観点の抜け漏れなどの潜在的なリスクが発生したりしてしまいます。

　このような状況にならないよう仮想化環境の利用ルールが必要です。自組織にルールがあるか、またどのような内容か調べてみましょう。

ガイドラインやサービスカタログを調査しよう

　次に挙げるような観点で自組織のルールや組織から提供されているサービスがあるか確認してみましょう。

確認対象	確認観点
ガイドライン	● 可用性、性能・拡張性、運用保守性、移行性、セキュリティなどの観点 ● 責任範囲の記載有無
サービスカタログ	● 提供されているサービスと仕様 ● 利用パターンの定義
サービス利用・停止方法	提供レベル（電子ファイルでの申請、ワークフロー申請、セルフサービスでの提供）

仮想化の未来

～現在の仮想化の課題と仮想化の動向～

第**12**章

仮想化でやりたいことは何だったか？

取り扱いやすい形に作り変える

これまで仮想化の歴史、インフラの仮想化のしくみ、使い方を見てきました。変化が激しく将来が予測できない状況に対して、必要な分を素早く、ジャスト・イン・タイムで調達するために技術が進歩してきたと考えられます。

仮想化に求められていることを一言でいうならば、「**利用者が取り扱いやすい形に変えること**」だと表現できるでしょう（図12-1）。今後の仮想化でも同じように、実行環境の違いを埋めたり、独立性を担保したりしながら資源を共有することで、効率的なリソースの利用を追求しながら進化していくと考えられます。

今後の仮想化に求められること

今後の仮想化に求められることを考えるために、少しその歴史を振り返っておきます。

1-3〜1-6で述べた通り、2000年代のインターネットの普及によってICTが徐々に一般化してきました。進化のスピードは非常に速く、10年ほど前までは、利用者はPCやスマートフォンのWebブラウザからWebサービスを利用することが主流でしたが、今やスマートフォンのアプリやLINEなどのプラットフォームを利用したアプリに置き換わっており、社会インフラに近い形でさまざまなデバイスから利用されているものもあります。さらに、IoT技術の発展により家電や自動車などで動作するアプリケーションも高度化し、あらゆるものがインターネットに接続され、以前では考えられなかったさまざまなデバイスでアプリケーションが動作するようになっています（図12-2）。

このような背景から、**アプリケーションがいつでもどこでも、安全に、素早く実行できることが求められており、それを実現するためのしくみ**が仮想化に求められています。

図12-1 仮想化に求められていることは取り扱いやすい形に変えること

現実世界

仮想化機能が
ないと……

> このままでは制約が
> いろいろあって使い
> づらい!

利用者

仮想化された世界

> 取り扱いやすい形に
> しておきました!

> 仮想化機能の定義に
> 従うことで現実世界は
> 意識する必要がない

仮想化機能　　定義ファイル　　利用者

● 「利用者が取り扱いやすい形に変える」ことで、より自由に効率的に資源を使えるようになる
● 環境の制約を受けづらくなる

図12-2 さまざまなデバイスで動くアプリケーション

従来のWebアプリケーションの
利用の仕方

わずか20年
余りで……

現代のWebアプリケーションの
利用の仕方

いつでも
どこでも

安全に

素早く

PCを利用してインターネット上にあるWeb
ベースのアプリケーションを利用し、Web
ブラウザにより情報送受信や描画を行うこ
とで情報発信や商取引を実施

● 普段使用する多種多様なデバイス上のアプリケーションから
ネットワークを通じてサービスを利用
● 手元の端末にとどまらず、ロボット、センサー、自動車、家
など、さまざまなデバイス上でプログラムが実行されている

Point

🖋 仮想化の目的は、「利用者が取り扱いやすい形に変える」こと

🖋 近年アプリケーションの実行場所は多様化し、さまざまなデバイスで利
用されている

🖋 アプリケーションがいつでもどこでも、安全に、場所を問わず、素早く
実行できる環境が求められている

≫ アプリケーション実行とJavaScriptの課題

ブラウザ内でのJavaScript

クライアント側でのアプリケーションとして、「**いつでもどこでも**」**実行できるアプリケーション**として現在主流なのはJavaScriptではないでしょうか。ブラウザやデバイスに搭載されているJavaScriptエンジンによって、OSやデバイスを問わずさまざまなアプリケーションを実行可能です。JavaScript以外の言語（CやC++など）はプログラムを実行するためにコンパイルして機械語に翻訳します。そのため、CPUアーキテクチャー、OSの種別（WindowsやLinux）など、環境ごとに実行前にコンパイルしておく必要があります。

一方でJavaScriptは構文解析によって「バイトコード」という中間コードを生成し、その後各実行環境に合わせた機械語に変換することで、「いつでもどこでも」を実現しています（図12-3）。

JavaScript実行における課題

上記のようなしくみで「いつでもどこでも」を実現するJavaScriptですが、JavaScriptを実行する際に必要な多数の共通プログラムをダウンロードする必要があります。このため実装方法によっては、**アプリケーションの実行速度に問題が出る**ケースがありました。また、プログラム実行時にJavaScriptから生成したバイトコードに基づき、Just In Compiler（JIT）でコンパイルしており、JITコンパイル回数を重ねて実績に基づいて最適化するため、コンパイルの実績から外れた処理では**パフォーマンスが安定しない**などの課題がありました（図12-4）。

近年さまざまな手法で課題解決が進んでいますが、JavaScriptを補完する役割として、ブラウザ上でのプログラム実行について、ネイティブコード相当の高速性、セキュリティ上の安全性、JavaScript同様にどこでも実行できる可搬性をすべて満たすWebAssembly（**12-3**参照）というしくみが登場し、注目されています。

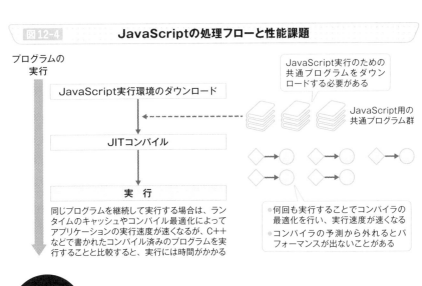

図12-3 **JavaScriptが実現している「いつでもどこでも」動くしくみ**

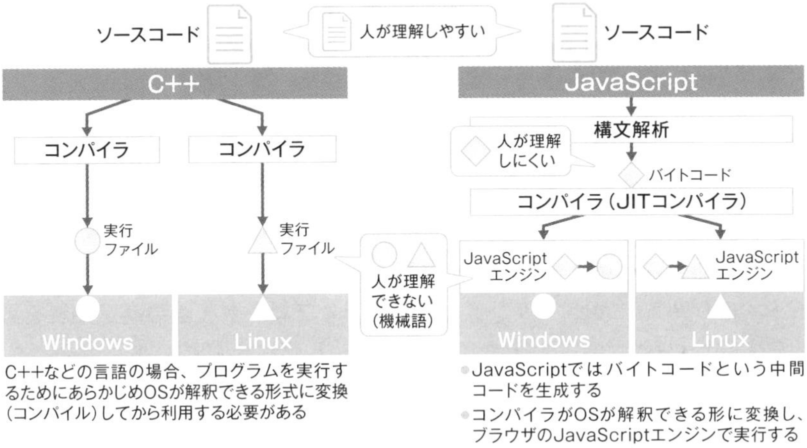

ソースコード　　人が理解しやすい　　ソースコード

C++　　　　　　　　　　　　　　　　**JavaScript**

コンパイラ　　コンパイラ

実行ファイル　　実行ファイル

Windows　　Linux

C++などの言語の場合、プログラムを実行するためにあらかじめOSが解釈できる形式に変換（コンパイル）してから利用する必要がある

構文解析

人が理解しにくい

バイトコード

コンパイラ（JITコンパイラ）

JavaScriptエンジン　　JavaScriptエンジン

人が理解できない（機械語）

Windows　　Linux

●JavaScriptではバイトコードという中間コードを生成する
●コンパイラがOSが解釈できる形に変換し、ブラウザのJavaScriptエンジンで実行する

図12-4 **JavaScriptの処理フローと性能課題**

プログラムの実行

JavaScript実行環境のダウンロード

JavaScript実行のための共通プログラムをダウンロードする必要がある

JavaScript用の共通プログラム群

JITコンパイル

実　行

同じプログラムを継続して実行する場合は、ランタイムのキャッシュやコンパイル最適化によってアプリケーションの実行速度が速くなるが、C++などで書かれたコンパイル済みのプログラムを実行することと比較すると、実行には時間がかかる

●何回も実行することでコンパイラの最適化を行い、実行速度が速くなる
●コンパイラの予測から外れるとパフォーマンスが出ないことがある

Point

/ 「いつでもどこでも」を実現するためのしくみの1つにJavaScriptがある

/ JavaScriptエンジンがあればアプリケーションを実行できるが、JavaScriptの処理方式上、アプリケーションの実装方法によっては実行速度やパフォーマンスが安定しないなどの問題が出るケースがある

≫ ブラウザでネイティブコード相当の高速実行を可能にする

JavaScriptを補完するために生まれたWebAssembly

JavaScriptはバイトコードを機械語に変換しながら実行するしくみのため、画像処理などの大量の計算を必要とする処理は苦手です。この問題を解決するために、**Webブラウザ上でネイティブコード相当の高速処理を可能にするしくみ**として登場したのがWebAssembly（以下、Wasm）です。

Wasmは、ブラウザ内でC/C++で記載された高速で効率的なプログラムを実行するために設計されました。従来のJavaScriptと比べて優れたパフォーマンスを出すことができ、Webアプリケーションの処理速度を向上させることができます。

Wasmは、複数のプログラミング言語（C/C++の他Rust、Go、Python、Kotlinなど）に対応したコンパイラが生成するWasmバイナリ形式（.wasm）をブラウザ内で実行します（図12-5）。これにより、C/C++などの言語で書かれた高度なアルゴリズムや計算処理も高速に実行できる利点があります。Wasmの実行環境であるWasmランタイムの種別によっても実行速度が異なりますが、JavaScriptと比べてはるかに高速で、ネイティブコード相当の高速実行を実現しています。

Wasmが提供する安全性

Wasmはサンドボックス環境を提供し、**Webブラウザ内でコードの安全な実行を確保します**。このサンドボックスは、Wasmコードが外部のリソースやシステムにアクセスすることを制限し、悪意のあるコードがWebアプリケーションやデバイスに悪影響を与えるのを防ぎます（図12-6）。

Wasmコードはブラウザ内で隔離された環境で実行されるため、セキュリティリスクを最小限に抑えながら、高速で効率的な処理が可能です。このサンドボックス機能により、Webアプリケーションの信頼性と安全性を向上させながら、高度な計算やタスクをブラウザ上で行えるようになります。

図12-5　Wasmによる高速実行の例

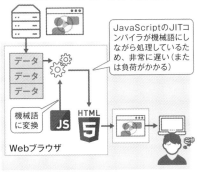

Wasmを使用しない場合の動画処理

JavaScriptのJITコンパイラが機械語にしながら処理しているため、非常に遅い(または負荷がかかる)

機械語に変換　JS　HTML5　Webブラウザ

- JavaScriptは実行する際に一度機械語に変換する必要があり、オーバーヘッドがある
- 動画などの単純計算を大量に実施するアプリケーションでは負荷が高くなる

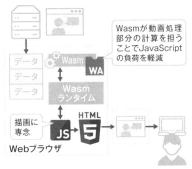

Wasmを使用する場合の動画処理

Wasmが動画処理部分の計算を担うことでJavaScriptの負荷を軽減

Wasm　WA　Wasmランタイム

描画に専念　JS　HTML5　Webブラウザ

Wasmを使用することで、動画の計算部分はJavaScriptが担当せず、JavaScriptはブラウザの描画に専念することで軽快な動作を実現する

図12-6　サンドボックス環境で許可された操作だけ実行できるセキュアなしくみ

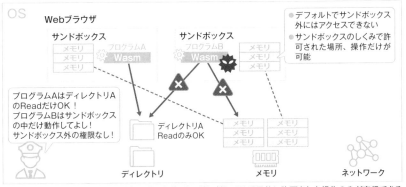

OS　Webブラウザ

サンドボックス　プログラムA　Wasm

サンドボックス　プログラムB　Wasm

- デフォルトでサンドボックス外にはアクセスできない
- サンドボックスのしくみで許可された場所、操作だけが可能

プログラムAはディレクトリAのReadだけOK！
プログラムBはサンドボックスの中だけ動作してよし！
サンドボックス外の権限なし！

ディレクトリA Readのみ OK

ディレクトリ　メモリ　ネットワーク

Wasmはサンドボックス内で実行され、サンドボックス外に対しては明示的に許可された操作のみが実行できる

参考：https://hacks.mozilla.org/2019/11/announcing-the-bytecode-alliance/

Point

- WebAssembly（Wasm）はブラウザ内でネイティブコード相当の性能でプログラムを実行できる
- WebAssemblyはサンドボックス環境を提供し、Webブラウザ内でコードの安全な実行ができる

» Wasmの利用例

Amazon Prime Videoでの動画処理での利用例

　Amazon Prime Videoを利用している人も多いでしょう。Prime Videoは テレビやFire TVのようなデバイス、スマートフォン、タブレットなど、 8,000種類以上にもなるさまざまなデバイスで動画を鑑賞できるサービス です。Prime Videoでは、従来はC++で開発されたJavaScript仮想マシン を使い、JavaScriptでアプリケーションを開発していましたが、性能に限界 がありました。**このため多様なデバイスに対応するためJavaScript仮想マ シン部分を残したままWasmVMを追加し**、アニメーションやレンダラー機 能部分をWasmで実行できるようにしました（図12-7）。

　JavaScriptとWasmを組み合わせて対応することで、JavaScriptのみ の場合と比べて高速化を実現（実験環境では10〜25倍の処理性能）し、 JavaScript用のメモリを30MB節約できます。Wasmモジュールのバイナ リサイズは圧縮時150KBとモジュールのサイズが非常に小さく、Wasmを 追加してもアプリケーションの起動時間に影響はありません。

CloudflareのCDNでの利用例

　CDN（Contents Delivery Network）は、Webサイトの情報を効率的に配 信するしくみです。オリジナルのコンテンツを世界各地に設置されたCDN にキャッシュしておくことで、利用者が毎回オリジナルのサーバーにアク セスする必要がなくなり、レスポンスの改善や大量アクセス時の処理性能 の向上が期待できます。

　CDNの機能の中には、サーバーではなくCDN側で処理を実行してレスポ ンスを返す機能があります（Cloudflare Workers）。Cloudflare Workersで は従来JavaScriptのみサポートしていましたが、Wasmの実行をサポート しました。これにより**画像サイズの変更やオーディオストリームなどの処 理を効率的に実行できるようになり、利用者に近いCDNで処理を行うこ とで遅延の少ないサービスを提供できる**可能性が高まります（図12-8）。

図12-7 Prime VideoのWasm利用によるアプリケーションの高速化例

Prime Videoのアプリケーションの構造

8,000種類以上ものデバイスでPrime
Videoを再生できなければならないが、
デバイス別のアプリケーションを開発す
るのは現実的ではない

JavaScriptとWasmを組み合わせて対応することにより、
JavaScriptのみの場合と比べて高速化を実現（実験環境では
10〜25倍の処理性能）

出典：Alexandru Ene「How Prime Video updates its app for more than 8,000 device types」
（URL：https://www.amazon.science/blog/how-prime-video-updates-its-app-for-more-than-8-000-
device-types）をもとに著者作成

図12-8 Cloudflare Workersによる利用者に近い位置での処理実行例

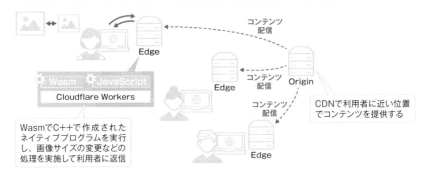

CDNのEdge（コンテンツを提供するデータセンター）側で、JavaScriptに加えてWasmが実行できる
ようになり、C++などで記載されたネイティブコードの実行ができるようになった

出典：Kenton Varda「WebAssembly on Cloudflare Workers」
（URL：https://blog.cloudflare.com/webassembly-on-cloudflare-workers/）をもとに著者作成

Point

- Prime Videoでは多様なデバイスに対応するためJavaScriptとWasmを併
用したしくみを採用している
- Cloudflareでは利用者に近いCDNで画像サイズの変更やオーディオスト
リームなどの処理を行うためにWasmを使用できる

Webブラウザの枠を超えた Wasm

WasmからOS管理リソースへのアクセス標準化

多様な言語で書かれたコードをネイティブコード並みの実行速度で動作させることができ、安全性と可搬性を兼ね備えたWasmの登場により、ブラウザ以外のさまざまな場所での活用が期待されるようになりました。しかし、Wasmで実装されたアプリケーションはファイルやネットワークにアクセスできません。WasmアプリからOSのシステムコールを呼び出し、ファイルへのアクセスを可能にする方法が必要ですが、システムコールはOSごとに異なるため、実装しようとするとOSごとに異なるWasmアプリが必要になってしまいます。この問題を解消するために生まれた仕様が「WebAssembly System Interface（WASI）」です（図12-9）。

WASIはWasmのバイナリからのOSのシステムコールを業界標準仕様APIとして定義したものです。**WASIに対応するWasmランタイムさえあれば、OSを問わずWasmアプリを動作させることができます。** ディレクトリなどのOSが管理するリソースへのアクセスをWASIが引き受けることで、OSの違いを吸収しています。

PCやサーバーでWasmアプリをどのようにして動作させるか？

WasmアプリはWasmランタイムが提供されている主要なブラウザで動作させることができますが、PCやサーバーでWasmアプリのバイナリをそのまま実行させることはできません。動作させるためには、WasmtimeやWasmerなどの**Wasmランタイムが必要**です（図12-10）。

両ランタイムはWASIをサポートしており、OSリソースにアクセス可能です。また、Wasmtimeは2022年9月にバージョン1.0に到達して本番環境でも利用できるようになり、Linux、Windows、Mac OSそれぞれで、バイナリ形式でインストールが可能となっています。wasmtimeコマンドに続けて.wasmファイルを引数として指定するだけでWasmアプリが実行可能です。

図12-9 **WASIがOSの違いを吸収する**

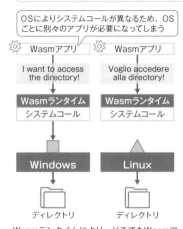

OSによりシステムコールが異なるため、OS
ごとに別々のアプリが必要になってしまう

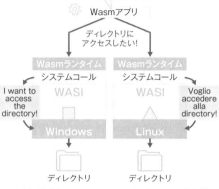

・WASIがシステムコールの違いを吸収する
・OSのシステムごとの違いを意識しなくてよい

Wasmランタイムにより、どこでもWasmア
プリが実行できるようになったとしても、OS
によりシステムコールが異なると、OSごとに
別々のWasmアプリを用意する必要がある

WASIが一般的なシステムコールのインタフェースを提供し、
OSごとのシステムコールの違いを吸収する。これによりOS
の違いによらずディレクトリやネットワークにアクセスできる

図12-10 **主要なWasmランタイムは2種類**

WASIをサポートした主要なWasmランタイム

Wasmtime	Wasmer
2022年9月20日にバージョン1.0に到達 （2024年3月20日時点でバージョン19.0.0）	2021年1月6日にバージョン1.0に到達 （2024年3月20日時点でバージョン4.2.7）

Bytecode Alliance は、WasmやWASIなど
の標準に基づいて、安全な新しいソフトウェア
基盤の作成に特化した非営利組織

・Wasmer社によれば、Wasmtimeより速く、充
実したドキュメントを提供している
・WASIを拡張しPOSIX（Portable Operating
System Interface）対応させたWASIXを開発

Point

✓ WASIによりWasmからOSのリソースにアクセスできる

✓ OSにWASIに対応したランタイムをインストールすることで、Wasmア
プリを実行できる

ブラウザで動作するインフラ
～実験的取り組み例～

ブラウザで動作するLinux

Leaning Technologies 社が 2022 年 2 月に「WebVM」という**ブラウザで動作する Linux** を公開しました。CheerpX という x86 プログラムを Wasm で仮想化する技術により、x86 のバイナリコードをリアルタイムに Wasm に変換して実行する JIT（Just In Compiler）によって DebianLinux のバイナリを Web ブラウザで実行します（図 12-11）。また、OS でいうところのシステムコールをエミュレートする JavaScript と協調して動作させることで、ファイルアクセスの動作を実現しています。

WebVM は https://mini.webvm.io/ から実際にアクセスできますが、インターネットの先に Debian Linux のサーバーがあるのではなく、アクセス元の端末の Web ブラウザで直接実行されています。

ブラウザで動作するPostgreSQL

2022 年 8 月に PostgreSQL の商用サービスを提供している Crunchy Data 社が Postgres playground という学習サイトの提供を開始しています。WebVM 同様に **PostgreSQL バイナリを Wasm 化することで、ブラウザ上で PostgreSQL を動作させ**、提供者側でリソースを用意することなくオンデマンドでの学習を実現しています（図 12-12）。

その後、2022 年 10 月には Postgres-WASM がリリースされましたが、こちらはオープンソースとなっています。構造が少し異なっていて Wasm 上で x86 サーバーのエミュレーターである v86 を動かしており、その上に PostgreSQL をインストールした Buildroot Linux のイメージをロードして実行しています。

Wasm の活用によりブラウザだけでさまざまなソフトウェアが実行できます。

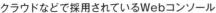

図12-11　ブラウザで動作するOS「WebVM」のしくみ

クラウドなどで採用されているWebコンソール

接続先サーバーのコンソール画面（コマンドを入力する画面）をWebブラウザで操作

WebVM

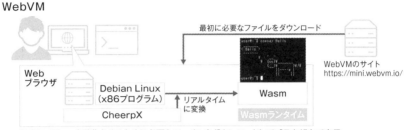

Debian Linuxを動作させるために必要なファイルをダウンロードしてブラウザ上で実行

図12-12　ブラウザで動く「PostgreSQL」のしくみ

Postgres playgroundは、Wasm化した
PostgreSQLをWasmランタイム上で直接
動作させている

Postgres-WASMは、v86というx86エミュ
レーター（Wasm）の上に、PostgreSQL
をインストールしたOSを動作させている

Point

- WebVMにはアクセス元の端末のWebブラウザでLinuxが直接実行する取り組み例がある
- PostgreSQLバイナリをWasm化することで、ブラウザ上でPostgreSQLを動作させる取り組み例がある

» コンテナとWasm①
コンテナの未来

Dockerは生まれていなかったかもしれない?

　CloudflareのCloudflare Workers（**12-4**参照）はブラウザで動作しているのではなく、CDNというエッジ側のサーバーサイドで動作しています。単一機能をモジュール化してサーバーで動作させるサーバーサイドWasmは、コンテナが目指しているものと同じです（図12-13）。

　Dockerの創業者であるソロモン・ハイクスはX（旧Twitter）で、「2008年にWasm + WASIが存在していれば、Dockerを作成する必要はなかった（中略）サーバー上のWebAssemblyはコンピューティングの未来です。標準化されたシステムインタフェースが欠けていた部分でした」と述べています。2008年当時、WasmやWASIは存在していませんでしたが、アプリケーションの実行環境をセキュアに分離する考え方はDokcerと同じであり、実現したいこととそのしくみは似ています（図12-14）。2024年3月時点で最新となるWASI Preview 2では、一般的に利用されるシステムコールの一部にとどまっていますが、**WASIが持つシステムコールのインタフェースを充実させることで活用が進んでいく**と想定されます。

コンテナの未来

　コンテナは既存のライブラリ（システムコールを含む）の活用が可能であるため、Wasmと比較してメリットがあります。このような状況でもWasmが「サーバー上の WebAssembly はコンピューティングの未来」といわれるのは、Dockerコンテナと比べて**圧倒的にコンパクトであり、セキュリティ攻撃耐性が高く**、さらにサンドボックスにより許可された操作以外は実行不可という高いセキュリティモデルを持っているためです。

　Wasmはコールドスタート時間がDockerコンテナの10〜100倍高速といわれ、メモリの使用量が少ないというメリットもあります。Wasmはさまざまな場所でアプリケーションを動作させるために有効な手段となることから、広がりを見せています。

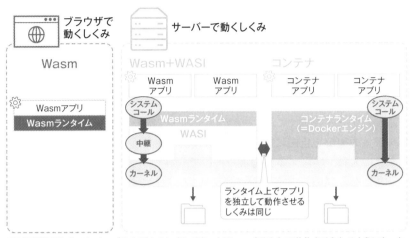

図12-13　「Wasm+WASI」と「コンテナ」は構造が似ている

WASIが登場したことで、ブラウザ上のしくみであったWasmをOS上で動作させられるようになった

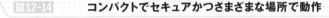

図12-14　コンパクトでセキュアかつさまざまな場所で動作

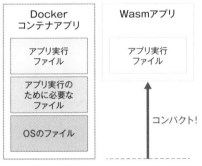

Wasmアプリの方がDockerコンテナと比較するとコンパクトでセキュア。コンパクトであることから実行速度も速い

Wasmランタイムさえあればどのような場所でも動作させることができる

Point

- WASIやWasm向けのシステムコールのインタフェースを充実させることでWasmはコンピューティングの未来となり得る
- Wasmランタイム＋WASIのしくみは実行ファイルがコンパクトであることから、パッケージの脆弱性の影響を受けにくく攻撃耐性が高い

227

» コンテナとWasm②
アプリケーションとインフラ

Dockerコンテナの課題

2-5〜2-8で解説したコンテナは、**アプリケーションの担当者がカーネル以外の領域を自由に構成でき、Dockerfileを書けば欲しい環境イメージを手に入れ、検証／本番環境で実行できる**メリットがあります。一方でベースとなるDockerイメージはアプリケーションの実行に直接関係のないライブラリやパッケージが含まれていたりします。コンテナを使う場合、アプリケーションを含むコンテナイメージをベースとなるDockerfileで構築する関係上、これまではインフラ構築の範囲で実装していたユーザーランド部分をアプリケーションの担当者が実装する必要があります（図12-15）。

ユーザーランド部分があると、その部分のセキュリティ管理も必要となります。ユーザーランド部分を極力小さくして余計なものをコンテナに含めないように、マルチステージビルドというしくみを採用したり、DevSecOpsという枠組みでコンテナの脆弱性スキャンのしくみが発展したりしていますが、**アプリケーションの担当者の負荷は高まりつつあります。**

インフラとアプリケーションを完全分離するWasm

このような状況はアプリケーションの担当者にとっては望ましい状況ではありません。このような点でもWasmが注目されています。Wasmでは各言語で書かれたアプリケーションをコンパイルして作成されたWasmバイナリが提供されます。Wasmバイナリには言語ランタイムを含みますが、コンテナと比較すると削減することが可能です。

将来的にコンポーネントモデルが提供されれば、Wasmアプリはアプリ実行ファイルのみを含むように構成でき、**アプリケーションの担当者はさらにアプリケーションのみに専念できるようになる**と想定されます（図12-16）。

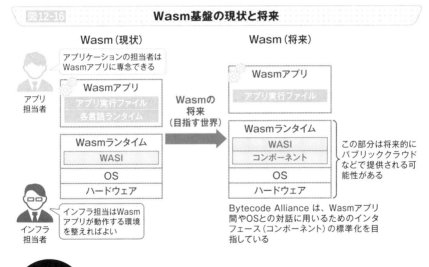

図12-15 仮想マシンとコンテナの管理範囲の違い

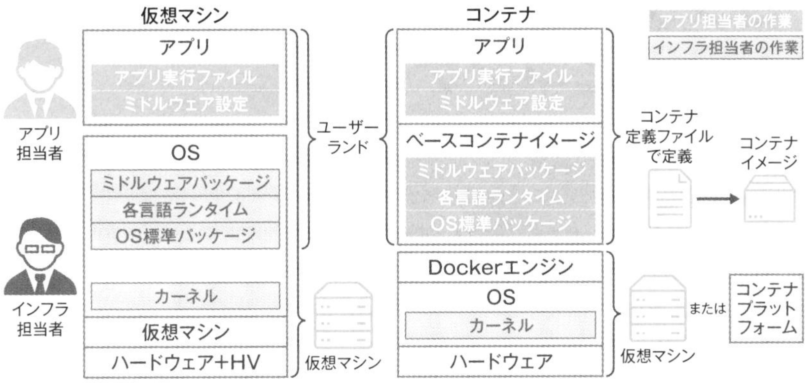

アプリ担当者の作業
インフラ担当者の作業

仮想マシン

アプリ担当者

アプリ
アプリ実行ファイル
ミドルウェア設定

OS
ミドルウェアパッケージ
各言語ランタイム
OS標準パッケージ

インフラ担当者

カーネル
仮想マシン
ハードウェア+HV

ユーザーランド

仮想マシン

コンテナ

アプリ
アプリ実行ファイル
ミドルウェア設定

ベースコンテナイメージ
ミドルウェアパッケージ
各言語ランタイム
OS標準パッケージ

Dockerエンジン
OS
カーネル
ハードウェア

コンテナ定義ファイルで定義 → コンテナイメージ

または

コンテナプラットフォーム

仮想マシン

- コンテナは仮想マシンで実現していた構造をそのまま持ってくるのでわかりやすいが、アプリケーションに不要なパッケージなども入ってしまう
- コンテナ定義ファイルであるDockerfileでコンテナイメージを作成するため、アプリケーションの担当者が管理する範囲が広くなる

図12-16 Wasm基盤の現状と将来

Wasm（現状）

アプリ担当者

アプリケーションの担当者はWasmアプリに専念できる

Wasmアプリ
アプリ実行ファイル
各言語ランタイム

Wasmランタイム
WASI

OS
ハードウェア

インフラ担当者

インフラ担当はWasmアプリが動作する環境を整えればよい

Wasmの将来（目指す世界）

Wasm（将来）

Wasmアプリ
アプリ実行ファイル

Wasmランタイム
WASI
コンポーネント

OS
ハードウェア

この部分は将来的にパブリッククラウドなどで提供される可能性がある

Bytecode Alliance は、Wasmアプリ間やOSとの対話に用いるためのインタフェース（コンポーネント）の標準化を目指している

Point

- Dockerfile はアプリケーションの担当者が管理することが多く、アプリケーション以外の部分も含まれるため自由度は高いが管理負荷も高い
- Wasmを使うことでアプリケーションの担当者はアプリケーションのみに専念できる

コンテナとWasm③
WASIとコンテナ

仮想サーバーやコンテナとの違い

12-5でブラウザ外で動作するWasmについての話をしましたが、ここでは特に仮想サーバーやコンテナとの違いに注目してみます。

サーバー仮想化は仮想ハードウェアの構成定義によってハードウェアを仮想化することで、アプリケーションは別々の仮想サーバーで動作します。**仮想ハードウェア単位で分離する**ため、アプリケーションからもOSからも個別のハードウェアがあるように見えます。コンテナは**コンテナエンジンによるプロセス分離**によりアプリケーションの実行空間（プロセス）を分離しながらカーネルを共通的に使います。アプリケーションからはコンテナという個別のアプリ実行場所があるように見えます。

Wasmは、Wasmランタイムにより**アプリケーションをサンドボックスの単位で分離します**。Wasmアプリはサンドボックスという個別のアプリ実行場所があるように見えます。OSが管理するリソースへはWASIを使用してアクセスします。

WASIが提供するポータビリティとセキュリティ

WASIはWasmランタイム用の APIを定義して、Wasmがホストの外部の環境およびリソースにアクセスできるようにするもので、WasmtimeやWasmerといったWasmランタイムで実装されています。

WASIの重要な点の1つ目はポータビリティです。各種OSにWASIを配置してWASIのインタフェースが統一されることで、Wasmバイナリ形式にコンパイルしさえすれば**WASIが実行できるあらゆる環境でアプリケーションが実行できます**（図12-17）。

重要な点の2つ目はセキュリティです。WASIはサンドボックスのしくみをWasmアプリに提供します。このためWasmアプリはWASIから許可されたもの以外はアクセスができなくなり、**高いセキュリティが担保できます**（図12-18）。

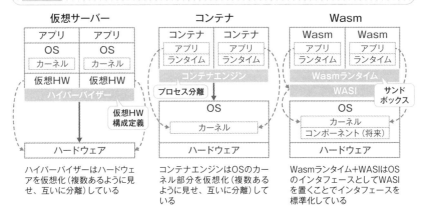

図12-17 **WASIはWasmに対してOSのインタフェースを提供する**

ハイパーバイザーはハードウェアを仮想化（複数あるように見せ、互いに分離）している

コンテナエンジンはOSのカーネル部分を仮想化（複数あるように見せ、互いに分離）している

Wasmランタイム+WASIはOSのインタフェースとしてWASIを置くことでインタフェースを標準化している

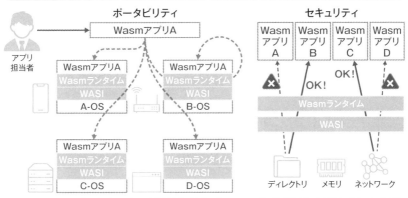

図12-18 **WASIによりどこでも安全にアプリケーションを動作させることができる**

WASIさえサポートする環境があればOSの違いを吸収でき、同じWasmアプリがどの場所でも動作する

WASIが許可した対象に対して、許可した操作のみ実行できる

Point

🖉 仮想サーバー、コンテナ、Wasm では環境分離の方法が異なる

🖉 Wasm ランタイムと WASI によってどの OS でも Wasm アプリを動作させられる

🖉 Wasm ＋ WASI によりセキュリティを保ちながら高いポータビリティを実現する

≫ コンテナとWasm④ コンテナオーケストレーション

Wasmコンテナを管理する

　ここまで述べてきたようなメリットがあるWasmですが、**サーバーサイドで実行させるためにはWasmアプリを管理するしくみが必要**です。**2-9**でDockerコンテナ管理のためにKubernetesというしくみがあることを説明しましたが、WasmアプリもKubernetesが利用しているのと同様のしくみでコンテナオーケストレーションができます。Kubernetesはcontainerdを経由してコンテナを管理できますが、Wasmではcontainerd-wasm-shimのwasmedgeを経由してWasmアプリを管理できます（図12-19）。

　Microsoft AzureのAKSではrunwasiを使用したWasmの実行がプレビューサポートとなっています（2024年3月現在）。また、HashiCorp社も自社の提供するコンテナに依存しないアプリケーションオーケストレーションプラットフォームであるNomadでWasmの実行をサポートしています。

Wasm+WASIの今後

　WASIは2019年に策定が開始された比較的新しい仕様です。WASI Preview 1では、POSIX（Portable Operating System Interface）に似た基本的な機能としてファイル、ネットワーク、クロック、乱数などの機能をwasi-coreと呼ばれるコア機能でカバーしています。WASI Preview 2では、POSIX的なAPIの実装を超えて、キーバリューやHTTP、メッセージングなどのさまざまなインタフェースの実装と利用が予定されています（図12-20）。

　WASIの今後の拡張によって、実行環境の種別によらずWasm形式にコンパイルしておけば、どの場所でもどのクラウドでもアプリケーションが実行できる世界が来るかもしれません。

　コンテナオーケストレーションのしくみを利用することで、透過的にアプリケーションを置き替えていくことが可能となります。

図12-19　コンテナオーケストレーションと透過的にWasmに置き換えるしくみ

コンテナオーケストレーションの例
（Kubernetes）

コンテナではKubernetesであるべき姿を定
義し、Kubernetesがあるべき姿に自動調整

Kubernetesによる
runwasi経由のWasm管理

既存のオーケストレーターのしくみに組み込んでいくことで、
アプリケーションを徐々にWasmに置き換えていける

図12-20　Bytecode AllianceによるWasmのロードマップ（2023年7月公開）

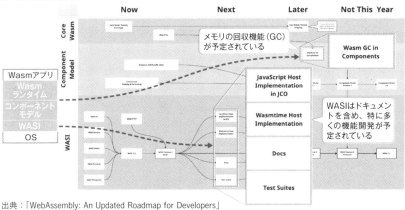

出典：「WebAssembly: An Updated Roadmap for Developers」
（URL：https://bytecodealliance.org/articles/webassembly-the-updated-roadmap-for-developers）

Point

- Wasmアプリを1つ1つ自律的にコントロールするのは困難であるた
め、サーバーサイドで実行させるためにはWasmアプリを管理するしく
みが必要
- 既存のコンテナオーケストレーションのしくみにWasmアプリを組み込
んでいくことで、透過的にアプリケーションを置き換えられる

やってみよう

サーバーサイドのWasmの利用について考えよう

　第12章では、仮想化の未来としてWasmを紹介しました。Wasmのコンポーネントモデルが実装されてくると、コンテナの代替となる技術として検討が可能ですが、現段階（2024年3月）では発展段階の技術といえます（ガートナーの「Hype Cycle for Emerging Technologies, 2023」では「黎明期」の位置づけです）。Wasmが自組織で利用可能な状態かどうか判断するためにWasmの最新情報を調べてみましょう。

自組織のサービスに対して適用要否を調査しよう

1. メリットとデメリット

　12-7〜12-10を参照しながら、自組織でコンテナやWasmを利用する場合のメリットとデメリットを考えてみましょう。

	メリット	デメリット（課題）
コンテナ		
Wasm		

　サービスレベルの異なるいくつかのサービス（業務）を対象に、アプリケーションの性能、可用性、セキュリティ、可搬性、役割分担などの観点から考えてみてください。

2. 最新情報の調査

　次のキーワードを参考にしてワードを組み合わせながら、デメリット（課題）に挙げた内容の解決策があるか、最新情報を調査してみましょう。

組織	：Bytecode Alliance、Wasmer
ランタイム	：Wasm、Wasmtime、Wasmer、runwasi、WasmEdge
インタフェース	：WASI
オーケストレーター	：Kubernetes、AKS、EKS、GKE

用 語 集

[※「➡」の後ろの数字は関連する本文の節]

A〜Z

Ansible (➡8-7)
オープンソースの構成管理ツール（2015年にレッドハット社が買収し開発を継続）。構成定義ファイルに基づき、エージェントレスでサーバーのセットアップや構成管理、セキュリティパッチの適用の他、ネットワーク機器の設定など、多岐にわたる用途で使用できる。

CDN (➡12-4)
Contents Delivery Networkの略。世界各地に配置したキャッシュサーバーを用い、利用者に近い位置からWebコンテンツを低遅延で高速に配信するしくみ。

Ceph (➡4-5)
分散ストレージ技術を実現するオープンソースソフトウェア。高い信頼性と拡張性があるため、スケーラビリティが求められるIoTシステムやビッグデータシステムとの相性もよい。

Containerd (➡2-6)
コンテナを制御するための高レベルのランタイム。DockerやKubernetesからのインタフェースとして、ホストシステムのコンテナを管理するソフトウェア。

DaaS (➡5-3)
Desktop as a Serviceの略。デスクトップ環境がSaaSとして提供される形態のこと。利用者は仮想デスクトップ基盤を用意することなく、利用したい仮想デスクトップ環境を選択するだけで利用できる。

DevSecOps (➡12-8)
開発チーム（Development）と運用チーム（Operations）が協力し合ってシステムを開発・運用するDevOpsにセキュリティを密に連携させ、セキュリティ対策を前倒しで実施するという文化やアプローチのこと。

Docker (➡2-6、8-5)
コンテナ仮想化を利用してアプリケーションをパッケージ化、配布、実行するためのオープンプラットフォーム。アプリケーションのポータビリティとスケーラビリティを向上させる。

Docker Engine (➡2-6、2-8)
Dockerの中心的な機能で、OSリソースを仮想化してコンテナに見せる。Dockerイメージの作成、Dockerコンテナの実行、およびDockerコンテナの管理に必要なツールが含まれる。また、Dockerコンテナのネットワーク、ストレージ、およびセキュリティを管理するための機能も提供している。

DX (➡7-2)
デジタルトランスフォーメーション（Digital Transformation）の略。企業がビジネス環境の激しい変化に対応し、データとデジタル技術を活用して、顧客や社会のニーズをもとに、製品やサービス、ビジネスモデルを変革するとともに、業務そのものや、組織、プロセス、企業文化・風土を変革し、競争上の優位性を確立すること。

EBS (➡9-4)
EC2インスタンスに接続される永続的なブロックストレージサービス。インスタンスに対して永続的に接続されるため、インスタンスの停止や再起動に関係なくデータが保持される。

EC2 (➡9-3)
AWSが提供する仮想サーバーサービス。オンプレミスとは異なり、物理サーバーの構築が不要で、AWSコンソールで操作するだけで手軽に仮想サーバーが構築できる。

EFS (➡9-4)
NFSプロトコルによるファイル共有機能を提供するAWSのサービス。複数のEC2インスタンスやECSタスクから同時にアクセスできる。自動スケーラビリティや高い耐久性を持つ。

Envoy (➡2-10)
コンテナ間の通信制御で利用される、オープンソースのプロキシサーバー。

Firecracker (➡6-6)
AWSが開発したオープンソースタイプのLinuxカーネル上で動作する仮想化技術で、非常に軽量である。KVMという仮想化機能をベースにしており、仮想マシンを起動する際にリソースを必要最小限に抑えられる。

FSx (➡9-4)
AWSが提供している高パフォーマンスと高信頼性を備えたフルマネージドなファイルシステム。Windowsベースのファイル共有や高パフォーマンスコンピューティングで使用される。

Helm (➡8-8)
Kubernetesアプリケーションのパッケージング、配布、管理を簡素化するツール。これを使用すると、アプリケーションのリソース（コンテナ、サービス、ポッドなど）をカスタマイズ可能なテンプレートとしてパッケージングし、効率的に繰り返しデプロイできる。

IaaS (➡9-1)
Infrastructure as a Serviceの略。クラウドコンピューティングの一形態で、仮想化されたコンピューティングリソースをインターネット経由で提供するサービス。ユーザーは、物理的なハードウェアの購入、設置、維持の必要がなく、サーバー、ストレージ、ネットワーク、およびその他の基本的なコンピューティングリソースをオンデマンドで利用できる。

IaC (➡8-1、8-2)
Infrastructure as Codeの略。インフラストラクチャーをコードとして扱う方法。手動による構築ではなく、IaCツールとインフラを定義したコード（定義ファイル）を使用してインフラ環境をプロビジョニング・構築・管理することができる。

IPSec-VPN (➡3-5)
専用のクライアントソフトウェアを利用してネットワーク層（L3）で暗号化されたトンネルを作成し、リモートユーザーが企業のネットワークにアクセスできるようにする技術。L3での暗号化のためSSL-VPNと比較してL4以上のさまざまなプロトコルに対応できる。

Kubernetes (➡2-9、8-8)
Googleが開発したBorgというコンテナ管理のしくみをオープンソース化したもの。Cloud Native Computing Foundation（CNCF）配下で開発が進み、2018年に卒業プロジェクトとして認定された。多数のコンテナをコントロールするためのしくみを提供している。スペルの最初（K）と最後（s）の間の文字数が8個あることから「K8s」とも表現される。

Lambda (➡9-6)
処理の時間だけ関数を起動するAWSのサーバーレスコンピューティングサービス。OSなどのインフラストラクチャーの管理はAWSが対応しているため、利用者は関数コードを登録するだけで実行できる。

LVM (➡4-2、4-4)
Logical Volume Managerの略。Linuxシステムで使用できるストレージ仮想化方式。複数の物理ボリュームを1つの論理ボリュームとして見せたり、1つのパーティションとして見せたりできる。

LXC (➡2-5)
Linux Containersの略。仮想化を行うためのオープンソースの仮想化技術で、Linuxカーネルの機能（名前空間、cgroups）を利用して、複数の隔離されたLinuxシステムを動作させることができる。

MVP (➡7-1)
Minimum Viable Productの略。実用可能な最小限の製品の意味。最小限の機能を持って製品・サービスをリリースし、利用者の反応を確認しながら、アジャイル型で開発される。

NoSQLデータベース (➡9-5)
リレーショナル型以外のデータベースの総称。データの格納・読み出しを大量かつ高速に行えるため、リアルタイム入札や在庫追跡でよく利用される。

PoC (➡7-8)
Proof of Conceptの略。概念検証。これから作ろうとするもの、アイデア、および採用しようとする技術などが実現可能か否かを事前に検証してみること。

Postgres playground (➡12-6)
PostgreSQLデータベースを学ぶためのオンライン学習環境。PostgreSQLの基本的な操作を学んだり、新しい機能を試したりできる。

QoS (➡3-1、3-3)
Quality of Serviceの略。ネットワーク上での通信に優先順位をつけることで通信品質を保証する技術。

RAID (➡1-9、4-2、4-3)
複数の物理ストレージをまとめ、1つの論理的なストレージに見せる技術。RAID 0、RAID 1、RAID 10、RAID 5、RAID 6など、信頼性や性能の対策ごとに複数のパターンがある。

RDS (➡9-5)
Relational Database Serviceの略。MySQL、PostgreSQLなどのエンジンをサポートしているマネージドリレーショナルデータベースで、データの正確性や一貫性を担保するため、トランザクション処理や関係データの保持に適している。

RLO (➡11-8)
Recovery Level Objectiveの略。どのレベルでシステムを復旧させ、事業を再開するかを示す目標値。

RPO (➡11-8)
Recovery Point Objectiveの略。データ復旧に関する目標の1つで、時系列上どの時点まで復旧するかの目標値。データ損失を許容できる最大期間である。

RTO (➡11-8)
Recovery Time Objectiveの略。システムやアプリケーションが障害発生後、復旧するまでに必要な最大許容時間。

runwasi (➡12-10)
WebAssembly（Wasm）をコンテナと同様に扱うためにcontainerdと連動してWasmを管理するコンポーネント。

S3 (➡9-4)
Simple Storage Serviceの略。AWSが提供するオブジェクトストレージサービスで、大容量データを蓄積するのに適したサービス。

SBC (➡5-2)
Server Based Computingの略。利用者ごとの仮想PCを作成せずに共通のサーバーOS上にインストールしたアプリケーションを共有する方式。WindowsサーバーのターミナルサービスやCitrix社のCitrix Presentation Server（旧称：MetaFrame）がベースとなっている。リモートデスクトップサービスはこの方法を採用している。

SLA (➡10-7)
Service Level Agreementの略。クラウドベンダーなどのサービス提供者と利用者の間でサービスの品質、可用性、性能などについて明文化し、契約上で合意したもの。

SSL-VPN (➡3-4)
インターネットを介して安全にリモートアクセスを行うための技術。SSLプロトコルを使用してセッション層（L5）で暗号化されたトンネルを作成し、リモートユーザーが企業のネットワークにアクセスできるようにする。

Step Functions (➡9-7)
AWSが提供するマネージドワークフローサービス。AWSの独自言語であるASL（Amazon States Language）でワークフローを定義すれば、一連の処理を可視化・実行制御できる。分岐処理や繰り返し処理でアプリケーションを分離でき、アプリケーションの修正がより簡単にできる。

Terraform (➡8-6)
HashiCorp社によって開発されたIaCツール。宣言型言語で、インフラの状態を定義するだけでインフラを構築できる。Terraformを使用すると、クラウドプロバイダ（AWS、Azure、Google Cloudなど）やオンプレミスの環境を、一貫性のある方法で定義、作成、変更、削除ができる。

TSS (➡1-3)
Time Sharing Systemの略。複数の利用者が同時にコンピュータのリソースを共有して使用できるようにするためのしくみ。コンピュータの処理能力を時間単位で分割し、複数の利用者がそれぞれ独立して作業できるようになる。

Vagrant (➡8-5)
HashiCorp社によって開発されたIaCツール。仮想サーバーの構成をファイルで定義しておくことで、仮想サーバーを簡単に構築・管理できる。

VDI (➡5-2)
Virtual Desktop Infrastructureの略。VMwareなどの仮想化ソフトウェア上にWindows 10などの仮想PCを構築し、Windows 10の画面を利用者に転送する方式。

VLAN (➡1-8、3-1、3-2)
物理的なネットワークを論理的に分割する技術。複数のネットワークを1つの物理的なネットワーク上で分割することで、セキュリティの向上やネットワークの効率化が可能になる。

VoIP (➡3-3)
Voice over IPの略。SIPなどのプロトコルを使ってIPを

使用して通話するための技術。

VPC (➡9-2、10-6)
Virtual Private Cloudの略。AWSで作成できるプライベート仮想ネットワーク空間。

VPN (➡3-1)
Virtual Private Networkの略。仮想的なプライベートネットワークを構築する技術。VPNを利用することで、インターネット上での通信を暗号化し、通信を盗聴や傍受から保護できる。

vSAN (➡4-2、4-5)
Virtual SANの略。VMwareシステムで使用できるストレージ仮想化方式。広帯域のネットワークを使って複数の物理サーバーの内蔵ディスクを共有ストレージとして利用できる。

VXLAN (➡3-6)
Virtual Extensible LANの略。ネットワークの仮想化技術の1つ。24ビットのVXLANネットワーク識別子（VNI）を使用することで、TagVLANの上限である4,095を超える最大約1,600万の論理ネットワークを作成できる。また、L2通信をカプセル化してL3通信をすることで、L2ネットワークを離れた地域に延伸できる。

WASI (➡12-5、12-9)
WebAssembly System Interfaceの略。WebAssemblyをブラウザ以外の環境で動作させるために、OSのシステムコールを呼び出す方法を定義したインタフェース仕様。

Wasmer (➡12-5)
Wasmer社が開発しているWebAssembly（Wasm）バイトコードを実行するためのランタイム。

Wasmtime (➡12-5)
Bytecode Allianceが開発しているWebAssembly (Wasm)バイトコードを実行するためのランタイム。

Wasmバイナリ (➡12-8)
ブラウザのWasmエンジンやWasmer、WasmtimeなどのWasmランタイム上で動作するようにコンパイルしたアプリケーション実行ファイル。

Web3層 (➡9-1)
クライアントからのリクエストをユーザーインタフェースとなるプレゼンテーション層（Webサーバー）、処理を実行するアプリケーション層（APサーバー）、データ管理を行うデータベース層（DBサーバー）の3階層に分けて処理する構造のこと。

WebAssembly（Wasm） (➡12-3)
ブラウザ上でプログラムを高速実行させるためのしくみ。WebAssembly用にコンパイルしたC/C++、Goなどのプログラムをネイティブコード相当の実行速度で実行させることができる。

WebVM (➡12-6)
Leaning Technologies社が実験的な試みとして2022年2月に公開したブラウザで動作するLinux。

あ行

アジャイル開発 (➡7-1、7-4、7-8)
従来のウォーターフォール開発とは異なり、開発チームが短い期間で小さい成果物を繰り返し作成（開発）し、顧客やステークホルダーのフィードバックを取り入れながら、以降の開発を進めていく手法。軌道修正がしやすいことから、柔軟性の高さや変更への対応がしやすい。

アプリケーション仮想化 (➡5-6、6-8)
アプリケーション単体を仮想化して利用すること。ストリーミング型やRDSH型がある。クラウド型で提供され

るサービスもある。

イミュータブルインフラ環境 (➡7-1)
システム管理とデプロイメント手法の1つ。作った環境（OS、ミドルウェア、アプリケーション、システム設定など）の変更や更新を行わず、何かシステムに変更が必要になった場合には使用していた環境を捨てて新たに作り直す。IaCなどの構成管理ツールにより実現が容易になった。

イメージ（コンテナイメージ） (➡2-7)
アプリケーションを実行するために必要なコンポーネント（ライブラリやファイルなど）を含むコンテナのもととなるファイル。DockerFileなどの定義ファイルからビルドして作成する。

ウォーターフォール (➡7-4)
システム開発プロセスの1つで、プロジェクトを線形かつ逐次的なフェーズに分けて進める方法。システム開発をいくつかの明確に区分されたフェーズに分け、1つのフェーズが完了してから次のフェーズに移る形式をとる。管理統制のためプロジェクトに変更がないものと想定し、事前の計画通りに進める。

エミュレーター (➡1-10)
本来動作している環境とは異なる環境で疑似的に動作させる装置やソフトウェア。動作確認を行う用途で使われ、実際にアプリケーションなどのソフトウェアを動作させることで、バグの検知や修正ができる。

オーケストレーション（コンテナオーケストレーション） (➡12-10)
多数のコンテナをコントロールするためのしくみ。有名なものにKubernetesがある。コンテナの死活監視、コンテナの実行場所の決定（スケジューリング）、コンテナの発見（サービスディスカバリ）、コンテナ障害時の復旧などを実行する。

オンデマンド (➡1-11、8-3)
利用者が必要とするときに即座にサービスや製品を提供すること。

か行

ガイドライン (➡11-1)
可用性、性能、セキュリティ、運用性などの観点で、仮想化環境利用時に考慮すべき点、方針、推奨方式を定めたもの。これにより、効率的で安全な仮想化環境の運用が可能になる。

仮想サーバー (➡1-8)
仮想化ソフトウェアによって物理サーバーのCPU、メモリ、ディスクを論理分割した仮想ハードウェアで構成された仮想サーバーのこと。物理サーバー上で複数台の仮想サーバーを動作させることができる。

仮想データベース (➡6-4)
複数の異なるデータソースを統合し、1つのクエリインタフェースからアクセス可能にする技術。物理的なデータの移動なしに、異なる場所や形式のデータを動的に集約し、データアクセスの複雑さを低減できる。

関数サービス (➡9-6)
サーバーレスコンピューティングの一形態であり、開発者がアプリケーションの個々の関数やタスクを独立してデプロイし、実行できるようにするクラウドサービス。開発者はサーバーのプロビジョニングや管理について心配する必要がなく、コードの実行にのみ集中できる。

キュー (➡11-4)
リクエストを順番に処理するための待ち行列。基本的には先入れ先出し（FIFO）で処理が実行される。本書では、性能判断のために確認する項目として記載している。

クォータ（サービスクォータ） (➡1-6、10-5、11-4)
パブリッククラウドにおいて、意図しない過剰なリソース

利用の防止やリソースの確保のために各サービスに課す利用制限のこと。クォータの上限を超えるとリソースのデプロイやリソースに対する処理要求ができなくなる。

クラウド　(→6-1)
共用の構成可能なコンピューティングリソース（ネットワーク、サーバー、ストレージ、アプリケーション、サービス）の集積に、どこからでも、簡便に、必要に応じて、ネットワーク経由でアクセスできるようにするモデルであり、最小限の利用手続きまたはサービスプロバイダとのやりとりで速やかに割り当てられ提供されるものである。

クラウドシフト　(→7-7)
PaaSやSaaSなどのクラウドベンダーがマネージドサービスとして提供する機能をアーキテクチャーに取り入れて移行する方法。クラウドネイティブな設計思想を採用した形で再構築する。

クラウド・バイ・デフォルト原則　(→1-6)
2018年に公表された「政府情報システムにおけるクラウドサービスの利用に係る基本方針」で提唱された政府の情報システム選定の優先順位に関する原則。クラウド利用の要因の1つになったとされる。

クラウドリフト　(→7-7)
オンプレミスで採用していたアーキテクチャーをそのまま採用してクラウド基盤へ移行する方法。オンプレミスで利用していた仮想マシンイメージをクラウド基盤へアップロードして起動する。

クレジット　(→1-6)
CPUやネットワーク帯域、ハードディスクI/Oの一時的な増加を制御し、突発的な負荷に対応できるしくみ。

ゲストOS　(→2-1)
仮想サーバー上で動作するオペレーティングシステムのこと。

コンテナ　(→6-1)
アプリケーションとその依存関係を含む独立した実行環境。マイクロサービスの実行に適している。

コンテナエンジン　(→3-7)
コンテナの実行を制御するためのソフトウェア。ホストOSのカーネルの共有、コンテナの分離、コンテナへのリソース割当、コンテナ間の通信など、コンテナが動作するための機能を提供する。

コンテナ型　(→2-1、2-5)
プロセス単位で環境を分ける方式の仮想化技術のこと。アプリケーションの実行環境やライブラリを、1つのコンテナにまとめて利用する。

さ行

サーバーレスコンピューティング　(→6-1)
イベント駆動型のコード実行環境。バッチジョブやタスク自動化によく利用されている。

サービスカタログ　(→11-1)
仮想化技術を活用する環境において、利用者が必要とする仮想リソースやサービスを迅速に選択し、展開できるように利用シーンを想定して利用方法や仕様を決め、整理したカタログ。

サービスクォータ　(→10-1、11-5)
あらかじめ決めた利用可能なリソースの上限。

サービスメッシュ　(→2-10)
マイクロサービスアーキテクチャーを構成するマイクロサービスをコンテナとして実装した場合の、サービス間（コンテナ間）の通信を制御するための技術。負荷分散

や障害復帰、サービスディスカバリなどの機能を担い、アプリケーションからネットワークの複雑さを隠蔽できる。

サブネット　(→9-2)
VPCのCIDRを分割したもので、ネットワーク要件に合わせてサブネット単位で管理できる。

サンドボックス　(→12-3)
周囲に影響を与えないように制御された隔離環境。プログラムやコードの実行時、悪意のあるコードが含まれていた場合でも影響範囲を局所化できる。

シミュレーター　(→1-10)
実世界のプロセスやシステムの動作法則を模倣するために設計された装置やソフトウェアのこと。

ストレージ仮想化　(→4-1)
ストレージの統合や分割を実現する技術。複数の物理ストレージデバイスからなるリソースを統合し、それらを単一の論理的なストレージプールとして管理したり、統合したストレージプールから必要なストレージを作成したりできる。

責任共有モデル　(→1-12)
クラウド環境においてクラウドベンダー側とそれを利用する側との責任境界線を明確にするモデル。

ソフトウェア定義　(→8-1)
サーバー、ネットワーク、ストレージなどのハードウェアをソフトウェアで制御して管理する考え方。ソフトウェア定義を用いることでハードウェアの複雑性を隠蔽し、人がより理解しやすいインタフェースを用いて、リソースを柔軟に管理できる。

た行

ダイナミックディスク　(→4-4)
Windows 2000で導入されたストレージ仮想化方式の1つ。複数のストレージで構成される非連続の領域を1つの論理的なボリューム（ダイナミックボリューム）とする技術。

ダイナミックボリューム　(→4-4)
マイクロソフトのWindowsオペレーティングシステムにおけるディスク管理の機能。複数の物理ディスクにまたがるストレージの統合や複製など柔軟に構成できる。

タグVLAN　(→3-2)
ネットワーク上でバーチャルLAN（VLAN）を識別するために使用される技術。VLAN IDを付加したタグをパケットに付与することで、同一の物理ポートを複数のLANに分割できる。

デスクトップ仮想化　(→5-1、6-7)
物理サーバー上に複数の仮想PCを構築し、利用者に作業環境であるデスクトップやアプリケーションを提供する技術。仮想PCをデータセンターに集約してさまざまなデバイスからアクセスできるようにすることで、セキュリティと利便性を両立できる。

な行・は行

ノイジーネイバー　(→10-1)
仮想化のホストサーバーとなる同一の物理マシン上でリソースを分け合って稼働している別の仮想マシンで、かつ過剰にリソースを消費している仮想マシン。

バーチャルホスト　(→2-4)
Webサーバー機能を提供するミドルウェア（Apache WebサーバーやNginxなど）で利用できるホスト（ドメイン名）分割機能。同一のOS上で複数ドメインのWebサーバーを動作させることができる。

ハイパーコンバージドインフラストラクチャー（HCI） （→1-5）

サーバー、ネットワーク、ストレージについて別々の機器を使用せずに、物理サーバーと物理サーバー間をつなぐネットワークだけで構成するしくみ。物理サーバーを追加していくだけでリソースが増強できるため、サーバー、ネットワーク、ストレージそれぞれのエンジニアに作業を依頼する必要がなく、インフラ管理が容易に実現できる。

ハイパーバイザー型 （→2-1、2-3）

物理サーバーに直接ハイパーバイザーをインストールし、仮想サーバーを稼働させる形態。専用の物理サーバーを用意する必要はあるが、ホストOS型と比較してホストOSや他のアプリケーションの動作に伴うリソース消費がなく、仮想化に特化したリソース管理が可能であるため処理速度の低下を抑えられる。

ハイブリッドクラウドネットワーク （→6-2）

オンプレミスとクラウド環境を接続するネットワーク。

パブリックネットワーク （→6-2）

インターネットからアクセス可能なネットワーク。インターネット公開が必要なWebサイトなどに利用されている。

ファイルシステムの仮想化 （→4-3）

ストレージに対して複数のサーバーから同時にアクセスすることを目的として、ファイルシステムを共有できるようにするためのしくみ。クラスターなどで使用される。ストレージ上のデータの管理データ（メタデータ）を共有することで、複数のサーバーから一貫したデータのアクセスが可能となる。

負荷分散装置 （→1-9）

複数のサーバーに対してネットワークトラフィックやリクエストを分散させるためのデバイスまたはソフトウェア。

物理ホストサーバーのプール （→7-4）

物理ホストサーバーに搭載されたCPU・メモリといったシステム資源をまとめて大きな資源のグループにしたもののこと。仮想サーバーを作成する場合にはリソースがどれだけあるかを把握する際の判断材料となる。

プライベートネットワーク （→6-2）

ユーザー専用のセキュアな仮想ネットワーク環境で、リソースを分離してセグメント化できる。外部公開できない秘匿度の高いデータなど、セキュリティとプライバシーを重視する環境の場合に利用されている。

ポータビリティ （→2-8）

特定のソフトウェアが、異なる環境間で容易に移行または使用できる能力。

ポートVLAN （→3-2）

スイッチの物理ポートごとにグループ化し、VLANを設定する方法。ポートごとにVLANを設定することで、同じVLANに属するデバイス同士で通信を行える。

ホストOS型 （→2-1、2-2）

物理サーバーのホストOSにインストールした仮想化ソフトウェア上で、仮想サーバーを稼働させる形態。仮想化ソフトウェアは他のアプリケーションと同じようにインストールできるため、手軽に仮想化の環境を利用できる。

ま行・ら行

マニフェストファイル （→2-9）

Kubernetesで実現する際のコンテナのあるべき状態を定義するためのファイル。アプリケーションのデプロイメント、スケーリング、管理に必要な情報が含まれている。

マルチクラウドネットワーク （→6-2）

複数のクラウドプロバイダのネットワークを統合し、リソースやアプリケーションを動かすための一貫した接続を提供したネットワーク。

メインフレーム （→1-3）

大量のデータ処理や複雑な計算を行うために設計された大型のコンピュータシステム。1960年代から基幹業務システムなどに用いられている。基本的にメインフレームを製造しているメーカー独自のOSや業務ソフトウェアで動作する。

リソースクォータ （→10-5）

特定のアカウントやプロジェクトに割り当てられるコンピューティングリソース（CPU、メモリ、ストレージなど）の使用量に上限を設定する機能。これにより、リソースの過剰使用を防ぎ、コスト管理を効率化できる。

リフト＆シフト （→10-8）

既存のオンプレミスのアーキテクチャーを可能な限り変更せずにクラウドに移行（リフト）し、新たに環境を構築する際にクラウド機能に最適化されたアーキテクチャーに変更（シフト）する方式。

リンクアグリゲーション （→1-9）

ネットワーク機器の複数のポートを束ねて1つに見せることで通信帯域の拡張や冗長性の確保をするためのしくみ。

レイテンシ （→11-4）

ストレージやネットワークでリクエストを行ってからレスポンスが返ってくるまでに生じる遅延のこと。ミリ秒（ms）単位で測定されることが一般的。

論理ディスク （→1-7）

物理的なストレージデバイス（ハードディスクドライブ、SSDなど）上に作成される、ソフトウェアによって定義された仮想のディスク領域のこと。

索引

おわりに

　本書を最後までお読みいただき、ありがとうございました。本書では、仮想化技術の基本からその活用方法まで、幅広く解説してきました。仮想化は、現在の情報通信技術において、その基盤となる重要な要素であり、その理解はIT全体の理解にもつながります。

　本書で提供した情報は、仮想化技術の基本的な理解を深めるためのものですが、具体的な実装や運用に移る際には、各技術やサービスに特化した専門的な資料や、各事業者が提供する情報を参照することをお勧めします。

　本書の作成にあたり、仮想化技術の専門家の皆さまから貴重なアドバイスをいただいたことをこの場を借りて感謝申し上げます。遠藤茂さんにはホストやメインフレームについて、伊與田敏さん、中原紘平さんにはWasmについて、レビューをしていただくとともに多くのアドバイスをいただきました。山口仁さん、山崎健司さんには、お忙しい中、初期段階から本書全体に対してご指摘やアドバイスをいただきました。本当にありがとうございました。また、企画段階から刊行に至るまで、翔泳社編集部の方たちの献身的なサポートに心より感謝申し上げます。

　最後に、読者の皆さまが仮想化技術に対する理解を深め、その活用の一助となることを心より願っております。

2024年5月　著者一同

本書内容に関するお問い合わせについて

このたびは翔泳社の書籍をお買い上げいただき、誠にありがとうございます。弊社では、読者の皆様からのお問い合わせに適切に対応させていただくため、以下のガイドラインへのご協力をお願い致しております。下記項目をお読みいただき、手順に従ってお問い合わせください。

●ご質問される前に

弊社Webサイトの「正誤表」をご参照ください。これまでに判明した正誤や追加情報を掲載しています。

正誤表　https://www.shoeisha.co.jp/book/errata/

●ご質問方法

弊社Webサイトの「書籍に関するお問い合わせ」をご利用ください。

書籍に関するお問い合わせ　https://www.shoeisha.co.jp/book/qa/

インターネットをご利用でない場合は、FAXまたは郵便にて、下記"翔泳社 愛読者サービスセンター"までお問い合わせください。
電話でのご質問は、お受けしておりません。

●回答について

回答は、ご質問いただいた手段によってご返事申し上げます。ご質問の内容によっては、回答に数日ないしはそれ以上の期間を要する場合があります。

●ご質問に際してのご注意

本書の対象を超えるもの、記述箇所を特定されないもの、また読者固有の環境に起因するご質問等にはお答えできませんので、予めご了承ください。

●郵便物送付先およびFAX番号

送付先住所　〒160-0006　東京都新宿区舟町5
FAX番号　　03-5362-3818
宛先　　　　（株）翔泳社 愛読者サービスセンター

著者プロフィール

鈴木 健治 （すずき・けんじ）

富士通株式会社　ジャパン・グローバルゲートウェイ　シニアディレクター
2011年頃に仮想化技術の研究活動を行うグループのリーダーを担当。2013年頃からは、クラウドを利用したシステム開発を多数推進。
現在は、システム基盤デリバリーをミッションとする組織を牽引し、お客さまのDX推進を支援している。また、クラウド人材の育成や自動化の推進などを通じてデリバリーモデルの変革にも注力している。
PMI認定 Project Management Proffesional。趣味は、家族・友人とのキャンプと釣り。

宗村 拓実 （むねむら・たくみ）

富士通株式会社　ジャパン・グローバルゲートウェイ
インフラギルド Division　グループディレクター
サーバー仮想化の初期（2008年頃〜）より仮想化技術を使ったSIをリード。2013年頃より仮想デスクトップ、アプリケーション仮想化を推進。2019年頃より、クラウドを利用したSIを多数実施。現在はSREにも取り組みIaC、CI/CD、コンテナ技術を推進している。スクラムアライアンス認定スクラムマスター、認定プロダクトオーナー。趣味は、熱帯魚（水草育成）、技術検証。

丸山 勝康 （まるやま・かつやす）

富士通株式会社　ジャパン・グローバルゲートウェイ
インフラギルド Division
2007年からVMware ESXiを採用した仮想化基盤構築に従事。同じ時期にCisco Catalyst 6000シリーズの保守を行い、システムの仮想化に関する実績を習熟。現在は、AWSをメインにオンプレミス環境からの移行業務を支援。趣味は、子どもたちと遊ぶこと、映画鑑賞。

欧 肖 （おう・しょう）

富士通株式会社　ジャパン・グローバルゲートウェイ
インフラギルド Division
文系出身のクラウドエンジニアで、2019年頃よりクラウドを利用したシステム基盤のSIを多数実施。現在はIaC、CI/CDの技術推進に注力している。AWS、Azure、Google Cloudのマルチクラウド資格とTerraform資格を取得。趣味は、美術鑑賞、読書、世界遺産巡りとダンス。

装丁・本文デザイン／相京 厚史（next door design）
カバーイラスト／加納 徳博
DTP／佐々木 大介
　　　吉野 敦史（株式会社アイズファクトリー）

図解まるわかり 仮想化のしくみ

2024年 5月14日　初版第1刷発行

著者　　　鈴木 健治、宗村 拓実、丸山 勝康、欧 肖
発行人　　佐々木 幹夫
発行所　　株式会社 翔泳社（https://www.shoeisha.co.jp）
印刷・製本　株式会社 ワコー

ISBN978-4-7981-8196-7　　　　　　　　　　　　Printed in Japan